高职高专
宠物专业
系列教材

宠物
临床检查技术

李尚同　王权勇　主编

CHONGWU
LINCHUANG
JIANCHA
JISHU

化学工业出版社

·北京·

内容简介

《宠物临床检查技术》主要介绍的是宠物诊疗中所采用的基本体格检查及临床常用采样技术，内容包括宠物信息登记技术、宠物保定技术、宠物生命体征测量、皮肤被毛检查、头部检查、胸腔检查、腹部检查、运动神经检查等，以项目任务及考核记录的活页式版面展开学习。

本教材为彩色印刷，配套有丰富的数字化教学资源，直观具体；配有单独的任务工作手册，新颖而实用，这样的形式有利于激发学生的学习兴趣，促进教学活动的实施，保障教学效果；电子课件可从www.cipedu.com.cn下载参考。

本书适用于高职高专宠物类相关专业的师生用书，也可作为宠物医院及其他企事业单位从事相关专业的人员的参考书。

图书在版编目（CIP）数据

宠物临床检查技术/李尚同，王权勇主编. —北京：化学工业出版社，2021.11
高职高专宠物专业系列教材
ISBN 978-7-122-39867-3

Ⅰ.①宠⋯　Ⅱ.①李⋯②王⋯　Ⅲ.①宠物-动物疾病-诊断-高等职业教育-教材　Ⅳ.①S858.93

中国版本图书馆CIP数据核字（2021）第184318号

责任编辑：迟　蕾　张雨璐　李植峰　　　文字编辑：邓　金　师明远
责任校对：宋　玮　　　　　　　　　　　　装帧设计：王晓宇

出版发行：化学工业出版社（北京市东城区青年湖南街13号　邮政编码100011）
印　　装：北京瑞禾彩色印刷有限公司
787mm×1092mm　1/16　印张9¾　字数212千字　2022年2月北京第1版第1次印刷

购书咨询：010-64518888　　　　　　　　　售后服务：010-64518899
网　　址：http://www.cip.com.cn
凡购买本书，如有缺损质量问题，本社销售中心负责调换。

定　　价：46.80元　　　　　　　　　　　　　　　　　　　版权所有　违者必究

《宠物临床检查技术》编审人员

主　编　李尚同　王权勇

副主编　滑志民　刘国芳

编　者　李尚同　上海农林职业技术学院
　　　　王权勇　上海贝康宠物医院
　　　　滑志民　上海农林职业技术学院
　　　　刘国芳　江苏农林职业技术学院
　　　　解红梅　山东畜牧兽医职业学院
　　　　张海燕　芜湖职业技术学院
　　　　赵福庆　辽宁农业职业技术学院
　　　　周红蕾　江苏农牧科技职业学院

主　审　顾剑新　上海农林职业技术学院

前言
PREFACE

《宠物临床检查技术》由校企合作编写，教材以宠物临床岗位能力塑造为目标，以临床岗位工作为内容，以实际工作任务为载体，产学结合，突破了传统教材的知识理论结构，具有很好的实践性和实用性。

教材充分体现了临床与教学的统一，真正发挥行业一线专家在教材编写中的重要作用，结合职业教育课程改革要求和教材开发方法拟订编写方案。教材由临床一线的宠物医生、管理人员和教师共同编写，充分分析了一线宠物诊疗临床工作岗位的需求，根据岗位工作任务确定教材内容，对于教材的理论知识遵循"有用、适用、够用"的原则，注重实践性教学环节，将理论与技能有效融合，以保证对动物医学学生实践能力的培养，保障教材内容的科学性、实用性、规范性。

教材在编写设计时，借鉴了中国台湾地区及国外宠物临床检查相关的新技术与新理念，确保教材内容的先进性和新颖性。教材尤其引入了"动物福利"的概念，使学生在学习中更多地接触"关爱生命"理念，融入课程思政的理念和元素。

本教材可作为全国高等与中等职业院校宠物医学类专业教材，也可作为宠物临床医师与助理职业岗位资格证书的技能培训与鉴定参考工具书，同时也能作为基层兽医科技工作者、城市公共卫生基层工作者等人员学习与参考用书。

编者
2021.1

001 项目一 宠物临床预检

    任务一　宠物信息登记 / 002

    任务二　宠物保定 / 008

    任务三　宠物生命体征测量 / 014

033 项目二 皮肤被毛检查

    任务四　皮肤被毛检查 / 034

    任务五　伍氏灯检查 / 039

    任务六　皮肤刮片 / 042

047 项目三 头部检查

    任务七　眼睛检查 / 048

    任务八　耳朵检查 / 055

    任务九　鼻喉检查 / 060

    任务十　口腔检查 / 066

073
项目四 胸腔检查

任务十一　心脏检查 / 074
任务十二　肺脏听诊 / 081

087
项目五 腹部检查

任务十三　腹腔器官触诊 / 088
任务十四　直肠与肛门腺检查 / 092
任务十五　外泌尿生殖器官检查 / 095

103
项目六 运动神经检查

任务十六　运动神经检查 / 104

112
参考文献

项目一

宠物临床预检

　　宠物临床预检的内容主要是根据宠物在临床诊疗过程中对病例进行的常规检查而选取的,主要包括宠物信息登记、宠物保定、宠物生命体征测量,这些宠物临床操作是每只宠物在入院时都必须要经过的程序。

任务一 宠物信息登记

宠物信息登记是医院接触宠物及其主人的开始，对于了解宠物的习性及基本资料有着极其重要的意义，宠物信息的完整填写可以为医生对于宠物做出初步判断提供更多依据。

任务目标

（1）掌握常见犬猫的品种。
（2）掌握犬猫的体况评分标准。
（3）对就诊宠物进行信息填写，如品种、性别、出生日期、体重、毛色、主人联系方式等内容。
（4）培养学生热爱小动物、关爱小动物。

临床应用

宠物信息登记是宠物就诊的必要程序。

任务知识

一、犬猫常见品种

1. 犬常见品种

世界上犬的品种繁多，现如今犬的分类都是以美国养犬俱乐部（American Kennel Club，AKC）的标准进行的。按照身高和体重来分类，犬可以分为超大型犬、大型犬、中型犬和小型犬。犬的常见品种主要有贵宾犬、博美犬、边境牧羊犬、西伯利亚雪橇犬、苏格兰牧羊犬、金毛寻回犬、大白熊犬、纽芬兰犬等，如图1-1所示。

2. 猫常见品种

世界上猫的品种也非常多，现如今猫的分类都是以国际爱猫联合会（Cat Fanciers' Association，CFA）的标准进行的。猫的常见品种主要有美国短毛猫、苏格兰折耳猫、中国狸花猫等，如图1-2所示。

图1-1 犬常见品种

美国短毛猫

苏格兰折耳猫

布偶猫

中国狸花猫

图1-2　猫常见品种

二、犬猫体况得分

犬猫体况得分（body condition score，BCS），是一种用分值来评价宠物营养程度的方法。常用的BCS系统有5分制和9分制两种，因此在报告时应使用分数形式表明所采用的分制，如3/5、7/9。

1.检查方法

在评估时主要采用视诊和触诊，应重点检查以下部位。

（1）肋骨　将双手拇指放于宠物脊柱，伸展双手于肋弓，试着感受肋骨，这一点非常重要，因为多数宠物的被毛会使视觉评价非常困难。

（2）皮下脂肪和肌肉　主要触诊肩部、肋骨和脊柱部位，感知脂肪厚度及肌肉厚实程度。

（3）腰部和腹部轮廓　视诊检查腰部轮廓是否显著，腹围大小，腹部皮肤皱褶是否可见。

（4）头顶　从头顶角度观察犬，能否看到肋骨后腰部，多数体形匀称犬有一沙漏样外观。

2.判断标准

犬和猫的判断标准稍有不同,但无论是犬还是猫,也不管是用5分制还是9分制,都是得分越高表示越肥胖。两种评分方法的评判情况具体如表1-1所示。

表1-1 犬猫BCS简明判断表

5分		9分	
非常瘦	1/5	1/9	极度消瘦
		2/9	非常瘦
体重偏低	2/5	3/9	消瘦
理想	3/5	4/9	理想
		5/9	
体重过重	4/5	6/9	体重偏重
		7/9	体重过重
肥胖	5/5	8/9	肥胖
		9/9	极度肥胖

具体以9分制为例,分数评判如下。

(1)BCS 1~3:太瘦

BCS 1:消瘦。从一定距离观察,肋骨、腰椎、髋骨等骨骼突起明显,无可视脂肪存在,肌肉量明显减少,见图1-3(a)。

BCS 2:非常瘦。容易看到肋骨、腰椎和髋骨,无可触及的脂肪,其他骨骼有一些突起。

BCS 3:体重过轻。肋骨容易触及且可视,无可触及的脂肪,腰椎上部可视,髋骨突起,腰部和腹部皱褶明显,见图1-3(b)。

(2)BCS 4~5:理想

BCS 4:理想,苗条。肋骨容易触及且有少量脂肪覆盖,从上方观察腰部容易看出,腹部皱褶明显。

BCS 5:理想。肋骨可触及且无过多脂肪覆盖,从上方观察腰部容易看出,从侧面观察腹部收起,见图1-3(c)。

(3)BCS 6~7:超重

BCS 6:超重。肋骨可触及且脂肪覆盖轻度过多,从上方观察腰部可辨出但不显著,腹部皱褶可见。

BCS 7:过重。肋骨触及困难且覆盖脂肪过多,腰部和尾根脂肪沉积明显,腰部不可见或勉强可视,腹部皱褶可能看得见,见图1-3(d)。

(4)BCS 8~9:肥胖

BCS 8:肥胖。肋骨由于覆盖过多脂肪无法触及,或施加一定压力可触及,腰部和尾根脂肪沉积过多，腰部不可见，无腹部皱褶，腹部可能出现明显膨大。

BCS 9：严重肥胖。胸部、脊柱和尾根脂肪过度沉积，腰部和腹部皱褶缺失，颈部和四肢脂肪沉积，腹部明显膨大，见图1-3（e）。

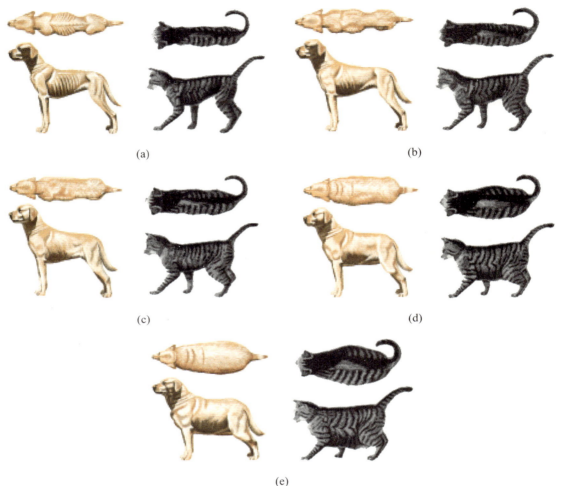

图1-3　BCS犬猫分数评判描述

任务实施

【材料准备】

宠物医院病例卡、笔、犬（或猫）。

【操作步骤】

（1）记录主人姓名　饲养宠物的主人可能会有几个，但一般记录宠物证上的宠物主人，如小黄的主人有张三、李四，但是宠物证上的主人为李四，那么在填写信息时应填李四，如图1-4所示。

图1-4 犬只免疫证明

（2）**填写主人联系方式** 所填的联系方式应与上述所填的宠物主人的联系方式相一致。

（3）**填写主人家庭住址** 填写宠物证上所填写的家庭住址。

（4）**填写宠物名字**

应向宠物主人确认写法，因发音相同的名字可能有不同的写法，不能想当然地写。

（5）**填写种类** 狗属于犬科；猫属于猫科；鸟属于禽类；大鼠及小鼠属于啮齿类；兔子属于兔类。

（6）**填写品种** 熟悉宠物的常见品种，如贵宾犬、博美犬、大白熊犬、边境牧羊犬等，如果是杂交品种的犬，则写为中华田园犬。当宠物被识别错时，其主人会感到很生气。

（7）**填写性别** 雄性宠物可记为♂或M，雌性宠物则记为♀或F，如果是已绝育宠物则记为OHE。需要注意的是年幼宠物，尤其是猫，宠物主人经常弄错性别。

（8）**填写毛色** 主要记录被毛颜色，犬猫的被毛颜色取决于其品种，因此，熟悉犬猫品种对于工作是非常有帮助的。

（9）**填写出生日期** 大多数宠物主人不知道其宠物确切的出生日期，一般都是大概日期，如2010年3月；不建议直接输入宠物的年龄，因为第2年宠物的年龄会增长，而之前的记录会变成错误的。此外，体形小并不能代表年龄小。

（10）**填写体重** 体重主要与用药剂量有关，填写时应如实填写，并保留小数点后两位数字，如7.12kg。

【注意事项】

（1）有些宠物医院会要求宠物主人填写邮箱及QQ等联系方式及初诊日期。

（2）在一些发达国家会记录宠物主人的身份证号，但国内很少这样记录。

任务记录与小结

认真并独立完成本次任务报告，见《任务工作手册》示例。

任务考核

教师按"任务考核单"（见《任务工作手册》）对学生任务完成情况进行考评。

任务二 宠物保定

宠物保定是宠物医生及助理必用的一项操作技能，没有合适的保定是不可能完成诊疗工作的。保定方法的选择取决于一个总的原则：用足够完成诊疗工作的最轻微的手段来保定，同时不能对宠物和操作者造成伤害。有许多方法可以达到这种目的，应结合实际情况，选择最适宜的保定方法。需要记住的是，在这个环境下适合某一宠物的保定方法在另外一个环境中不一定适用。注意宠物的反应、肢体动作及身体状况是保定的基础。

任务目标

（1）了解不同品种、不同性格的宠物特点。
（2）能对就诊的患病宠物进行正确的保定。
（3）培养学生的团队协作精神。

临床应用

（1）疫苗接种。
（2）就诊宠物检查、用药、采血、拍X线片及超声扫查等操作。

任务知识

一、宠物体表主要部位名称

宠物的躯体可划分为头部、躯干部和四肢三大部。各部的划分和命名都主要以骨为基础，犬体表部位如图1-5所示。

1.头部

头部位于宠物躯体的最前方，包括颅部和面部。以内眼角和颧弓为界分为上方的颅部和下方的面部。

（1）颅部 位于颅腔周围，又分为枕部（颅部的后方，两耳之间）、顶部（枕部的前方）、额部（顶部的前方，两眼眶之间）、眼部（包括眼与眼睑）、耳郭部（耳和耳根周围的部分）。

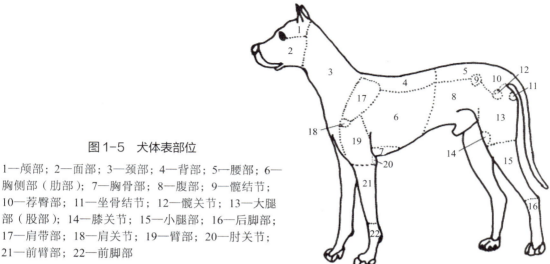

图 1-5 犬体表部位

1—颅部；2—面部；3—颈部；4—背部；5—腰部；6—胸侧部（肋部）；7—胸骨部；8—腹部；9—髋结节；10—荐臀部；11—坐骨结节；12—髋关节；13—大腿部（股部）；14—膝关节；15—小腿部；16—后脚部；17—肩带部；18—肩关节；19—臂部；20—肘关节；21—前臂部；22—前脚部

（2）面部　位于口腔、鼻腔周围，又分为眶下部（眼眶前下部，鼻后部外侧）、鼻部（额部前方，包括鼻背和鼻侧）、鼻孔部（包括鼻孔和鼻孔周围）、唇部（包括上唇和下唇）、咬肌部（颞部的下方）、颊部（咬肌部的前方）。

2. 躯干部

躯干部包括颈部、背胸部、腰腹部、荐臀部和尾部。

（1）颈部　分为颈背侧部、颈侧部、颈腹侧部。

（2）背胸部　分为鬐甲部、背部、肋部、胸前部、胸骨部。

（3）腰腹部　分为腰部、腹部。

（4）荐臀部　分为荐部、臀部。

（5）尾部　以尾椎为基础。

3. 四肢

（1）前肢　为肩胛和臂部与躯干的胸背部的连结，分为肩部、臂部、前臂部和前脚部（包括腕部、掌部和指部）。

（2）后肢　分为股部、小腿部和后脚部（包括跗部和趾部）。

二、宠物的接近

检查者首先向宠物发出温和的呼唤声，以示打算向其靠近，然后缓缓接近。接近后，用手轻抚宠物的头、颈、躯干部，或轻轻挠痒，使其保持安静、温顺，然后进行检查。接近宠物时，一般应在宠物主人的协助下进行。

三、宠物的保定方法

应用人力、器械或药物来控制宠物的活动称为宠物的保定。宠物的保定有两个目的：

一是确保人和宠物的安全；二是便于诊断、治疗。常见的犬猫保定方法主要有物理保定及化学保定。

1. 物理保定

物理保定指使用物理的方法和设施对宠物进行保定，主要有徒手保定、口套保定及伊丽莎白项圈保定等方式。

2. 化学保定

化学保定指用化学药物使宠物活动能力降低、反抗行为丧失，从而达到保定要求的一种方法。对物理保定难以达到保定要求的犬猫可使用化学保定法，具体要求如下。

① 将镇静药、安定药、镇痛药和肌松药等单独或配合使用，按照一定的剂量，通过口服、皮下注射、肌内注射、静脉注射等途径，给予待保定犬猫。

② 操作由熟悉犬猫镇静药物使用和掌握麻醉技术的兽医完成。各种药物的具体用法用量应参照药品说明书。

③ 化学保定通常需要物理保定作为辅助，以便于完成给药操作。

目前常用的保定药物有安定、氯丙嗪、多咪静、舒泰等。

任务实施

【材料准备】

犬（猫）、伊丽莎白项圈、口套、扎口绳。

【操作步骤】

1. 犬的保定

（1）站立保定 如图1-6（a）所示。

① 保定者处于站立姿势，犬置于保定台上；

② 尽量将犬靠近保定者的身体；

③ 保定者将一只胳膊绕过犬颈部腹侧，手置于犬颈部或肩部，以固定犬的头颈部；

④ 另一只胳膊由犬背部绕过，手置于犬肘关节上方；或胳膊由犬腹侧伸出，手置于犬腰部外侧。

（2）蹲式保定 如图1-6（b）所示。

① 保定者处于站立姿势，犬置于保定台上；

② 尽量将犬靠近保定者的身体；

③ 保定者将一只胳膊绕过犬颈部腹侧，手置于犬颈部或肩部，以固定犬的头颈部；

④ 另一只胳膊由犬的后躯绕过，手置于犬肘关节上方固定前肢。

（3）趴卧式保定

① 犬置于保定台上，呈趴卧姿势；
② 保定者将一只胳膊绕过犬颈部腹侧，手置于犬颈部或肩部，以固定犬的头颈部；
③ 另一只胳膊压于犬肩背部，手置于犬肩关节附近；
④ 保定者上肢压住犬后部躯体，以防止犬站起。

（4）侧卧保定　如图1-6（c）所示。

① 犬置于保定台上，呈侧卧姿势；
② 保定者用一只胳膊肘部压住犬颈部，手握于犬两前肢腕关节附近；
③ 另一只手握住犬后肢跗关节处。

（5）仰卧保定（双人）　如图1-6（d）所示。

① 犬置于保定台上，呈仰卧姿势；
② 保定者为站姿；
③ 前部保定者双手握于犬前肢大臂骨附近；
④ 后部保定者双手握于犬后肢大腿附近。

(a) 站立保定　　　　　　　　　　(b) 蹲式保定

(c) 侧卧保定　　　　　　　　　　(d) 仰卧保定

图1-6　犬的徒手保定

（6）扎口保定　如图1-7所示。

① 用纱布条系一活结圈，套于犬口鼻上，打结处在鼻梁上方，系紧；
② 将布条游离端在下颌处交叉，在犬耳后收紧打结。

图1-7　犬的扎口保定

（7）口套保定　如图1-8（a）所示。

① 根据犬的口鼻类型和大小选用适宜规格的口套；

② 把口套戴在犬口鼻上，较窄的部分靠近鼻侧，较宽的部分放置于下颌下，将其系带绕到犬的耳后于颈背部扣牢；

③ 调整系带的长度，使之既松紧舒适，又不会让犬将口套从头上抓落。

（8）防护圈（即伊丽莎白项圈）保定　如图1-8（b）所示。

① 根据犬品种和大小选择合适的防护圈，其宽度以比犬口鼻长2～3cm为宜（防护圈的边缘伸展超过鼻尖）；

② 将防护圈戴在犬颈部，在犬颈背部将防护圈扣紧；

③ 戴圈时要注意避开犬嘴部，松紧要合适。

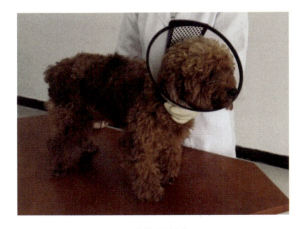

(a) 口套保定　　　　　　　　　　　　　(b) 防护圈保定

图1-8　犬的器械保定法

2.猫的保定

（1）徒手保定法　当猫站立时，用一只手将猫头颈部皮毛抓住，另一只手抓住后脚，将食指放在两只脚中间，慢慢地将猫拉起，使猫的身体背部顶着操作者的身体并伸长；还可一只手从后方将猫的后脚抓住,另一只手抓住前脚,轻轻地拉起,使猫侧卧,侧卧后用一只手抓住猫的四只脚,另一只手整个抓住颈部,食指和拇指抓住下颌部;胸卧保定时,操作者用身体把猫压住,两手从颈部慢慢将头固定,双手压住四肢,如图1-9所示。

图1-9 猫的徒手保定

(2)**防护圈保定** 同犬的防护圈保定。

(3)**猫包保定** 用厚布、人造革或帆布缝制的与猫身等长的圆筒形保定袋,两端开口均系上可以抽动的带子;将猫头从近端袋口装入,之后猫头便从远端袋口露出,此时将袋口带子抽紧(不影响猫呼吸),使猫头不能缩回袋内,再抽紧近端袋口,使猫两后肢露在外面,这样便可以进行猫的头部检查、测量猫的直肠温度及灌肠等,如图1-10所示。

【注意事项】

① 应向宠物主人了解宠物的性情,有无咬人、踢人、顶人的习性,并时刻注意宠物的反应。

② 若发现犬猫怒目圆睁、龇牙咧嘴,应暂停接近。

③ 对于犬猫,应防止被咬伤和抓伤,检查者应在宠物主人的保定下接近。

④ 对于一侧有视力障碍的宠物,应从有视觉的一侧接近。

图1-10 猫的猫包保定

任务记录与小结

认真并独立完成本次任务报告,见《任务工作手册》示例。

任务考核

教师按"任务考核单"(见《任务工作手册》)对学生任务完成情况进行考评。

任务三

宠物生命体征测量

体温、心率（脉搏数）、呼吸数是宠物生命活动的重要生理指标，正常情况下，除受外界天气及运动等环境条件的暂时性影响外，一般都维持在一个较为恒定的范围内。但是在某些致病因素作用下，这些生理指标会发生不同程度的变化。

任务目标

（1）掌握 T（体温）、P（心率）、R（呼吸数）的正常数值。
（2）能规范测量犬猫 T（体温）、P（心率）、R（呼吸数）的数值并会判读。
（3）培养学生的团队协作精神。

临床应用

（1）体检、疫苗注射。
（2）普通病、传染病的诊断和治疗。
（3）重症、急症的诊断和治疗。
（4）手术（麻醉）监护。
（5）应作为基础临床检查。

任务知识

一、宠物临床六大检查方法

为了发现作为诊断依据的症状、资料，需用各种特定的方法对宠物进行客观的观察与检查。为了诊断宠物的疾病而应用于临床实际的各种检查方法，称为临床检查法。常用的临床检查方法主要有以下六种。

1.问诊

问诊就是以询问的方式，听取宠物主人关于宠物发病情况和经过的介绍。问诊也是流行病学调查的主要方式，即通过询问和查阅有关资料，调查引起传染病、寄生虫病和代谢病发生的一些原因。问诊时应了解以下内容。

（1）**宠物来源**　一般情况下，正规渠道购买的宠物，其幼龄时的免疫及驱虫情况是比较完全的；非正规渠道购买的宠物，其免疫及驱虫情况是不完全的，如果是流浪犬猫等捡来的宠物，则更要注意。

（2）**饲养管理**　合理的日常饲养管理是犬猫健康的前提，问诊的内容应包括饲喂方式（包括食物结构、每天的饲喂次数及饲喂量、可能接触或误食的异物等）、饲养条件（笼养还是散养、保暖防寒措施、饲养环境等）、运动情况（运动方式及运动量）、免疫情况（免疫是否完整、合理）及驱虫情况（是否定期驱虫、用药种类、剂量及驱虫效果）等。此外还应结合实际情况了解夏季高温情况下犬猫的防暑降温措施、食物结构；冬季寒冷情况下犬猫的保暖防寒措施、运动管理；春秋季疫病流行时期犬猫的防疫情况等。

（3）**现病史**　现病史是指犬猫此次发病的具体表现、可能的致病因素、就诊及用药情况。在进行现病史调查时应重点了解以下几方面。

① 发病的时间与地点　在发病时间上，除了季节性因素外，还应了解是饲前或喂后，运动中或休息时，清晨或夜间，产前或产后等；对于发病地点，主要了解犬猫的饲养地点及其周边的环境状况，了解各类事故发生的可能性，如惊吓、创伤、高空坠落、中毒、车祸等，有些地方（如小区主干道、道路急转弯处等）可能是一些创伤、车祸易发区。不同的情况，可提示不同的可能性疾病，并借此估计可能的致病原因，而且还可以以此来推测疾病是急性或慢性。

② 发病时的主要表现　宠物病初的表现对疾病的诊断有很大的帮助，但通常宠物主人往往只介绍许多疾病共有的一般症状，如咳嗽、呕吐、食欲减退或废绝、精神不振等，而对疾病特有症状不一定介绍，如早期呕吐物的性状、咳嗽出现的时间及特征，但是这些通常是提示诊断的重要线索。必要时，可提出某些类似的征候、现象，以询问宠物主人的解答，要耐心，要启发但不要暗示，以求全面了解宠物的真实表现。

③ 疾病的经过　现状与开始发病时疾病程度的比较，是减轻或加重；症状的变化，是否又出现了新的症状、原有的症状减轻或消失；是否经过治疗，用过什么药物和方法，效果如何。这些不仅可推断病势的进展情况，而且还可作为诊断和治疗的参考。

④ 宠物主人所估计的病因　如饲喂不当、运动过度、受凉、创伤等，这也是诊断的重要依据。

宠物主人往往是第一个接触患病宠物的人，对病因的估计可能会具有一定的客观性，可以作为推断病因的依据，但不一定是主要的，因为宠物主人也可能存在主观臆断。同时，宠物主人对病情的描述也可能夸大或缩小。所以，宠物医生对于宠物主人的病情描述及病因估计要加以鉴别。

（4）**既往史**　询问宠物以往发病的情况，如该宠物以前还有哪些疾病，有没有类似疾病的发生，发病有无规律性、季节性，当时诊断结果如何，采用了哪些药物治疗，效果如何，有无药物过敏史等。对普通病，宠物往往易复发或习惯性发生，如果有类似的情况发生，对诊断和治疗会有很大的帮助。

宠物医生问诊时应注意以下问题。

① 应具有同情心和责任感，和蔼可亲，考虑全面，语言要通俗易懂，避免可能引起

宠物主人反感的语言和表情，防止暗示。

② 宠物主人所述可能不系统、无重点，还可能出现因对病情的恐惧而加以夸大或隐瞒，甚至不说实话，应对这些情况加以注意，要设法取得宠物主人的配合，运用科学知识加以分析整理。

③ 如果是其他门诊或宠物医院介绍来的，宠物主人持有的介绍信或病历可能是重要的参考资料，但主要还是要依靠自己的询问、临床检查和其他有关的检查结果，经过综合分析来判断。

④ 对于危重病宠，在做扼要的询问和重点检查后，应立即进行抢救，详细的检查和病史询问可在急救的过程中或之后再做补充。

2.视诊

视诊是宠物医生用视觉直接观察宠物的整体概况或局部表现的诊断方法，也称为望诊。

（1）**观察其整体状态** 如体格的大小、发育程度、营养状况、体质的强弱、躯体的结构、胸腹与肢体的匀称性等。

（2）**观察其精神、体态、运动、行为** 如精神的沉郁与兴奋，安静时的姿势改变或运动中的步态改变，有无腹痛不安、运步强拘或强迫运动等病理性行为等。

（3）**发现其体表组织的病变** 如被毛状态，皮肤及黏膜的颜色与特性，体表的创伤、溃疡与瘢痕，是否有疱疹、肿胀等，及其大小、位置、形状和特点等，如图1-11所示。

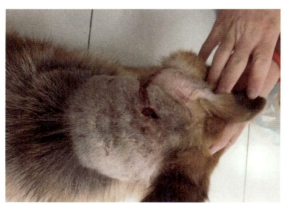
犬颈部创伤

犬体表肿胀

图1-11 体表检查

（4）**检查与外界直通的体腔** 如口腔、鼻腔、咽喉、阴道和肛门等。观察其黏膜的颜色变化或完整性，注意其分泌物、排泄物及其混合物的量和性状，如图1-12所示。

（5）**注意其某些生理活动是否异常** 如呼吸动作、采食、咀嚼、吞咽、反刍和嗳气等，另外，是否有喘息和咳嗽、腹泻和呕吐，再者就是观察其排粪、排尿的姿势、次数、量、性状及其混合物等。

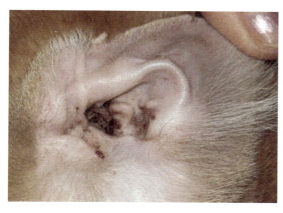 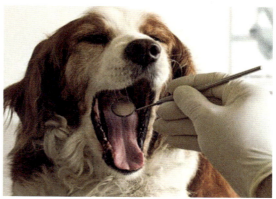

耳朵检查　　　　　　　　　　　　　口腔检查

图1-12　体腔检查

（6）注意事项

① 视诊要求在患病宠物安静的状态下进行。

② 应考虑光线对检查结果的影响，如在黄色光线下进行检查，轻微黄疸就不易被发现。

③ 随着科技的发展，视诊的范围也越来越大，对于某些特殊部位（如鼓膜、眼底、胃肠道黏膜等），也可借助某些仪器进行视诊，如耳镜、眼底镜、内窥镜等。

④ 视诊的适用范围广，能提供重要的诊断资料，有时可单用视诊而确定诊断，但视诊必须要有丰富的理论知识和临床经验作基础，否则会出现"视而不见"的情况。

3.触诊

触诊是利用触觉和实体感觉的一种检查法，也就是通过检查者手的感觉进行判断的一种诊断方法。

（1）触诊应用

① 检查宠物的体表状态，如判断皮肤表面的温湿度，皮肤与皮下组织的质地及弹性，浅在淋巴结及局部病变的位置、大小、形态及其温度、内容物性状、硬度、可动性，以及疼痛反应等。

② 检查某些组织器官，感知其生理性或病理性冲动，如在心区，可感知心波动的强度、频率、节律和位置，检查浅在动脉的脉搏，可判定其频率、性质及节律等变化。

③ 腹部触诊可判定腹壁的紧张性和敏感性，此外，还可感知腹腔内的状态，如肝脾的边缘和硬度，胃肠内容物的多少、性状，腹腔的状态；通过直肠检查，即直肠内部触诊，可以判定腹腔后部器官和盆腔器官的状态，这是兽医临床上对触诊方法的独特运用。

④ 触诊也可用于对宠物机体某一部位给予机械刺激，并根据宠物对刺激所表现出的反应，判断其感受力和敏感性。如胸壁和肾区的疼痛检查，腰背与脊髓的反射，神经系统的感觉，体表局部病变的敏感性等。

（2）触诊方法
按触诊部位及检查目的的不同，触诊方法可分为浅部触诊法和深部触诊法。

① 浅部触诊法　用平放而不加压力的手指或手掌以滑动的方式轻柔地进行触摸，试探检查部位有无抵抗、疼痛或波动等，明显的肿块或脏器也可用浅部触诊法检查。这种方法适用于皮肤、胸部、腹部、关节、软组织浅部的动静脉和神经的检查。

② 深部触诊法　检查时用一手或两手，由浅入深，逐渐加压以达深部。深部触诊主要用于探查腹腔病变和脏器的情况，根据检查目的不同，可分为以下几种：

a.冲击触诊法　以拳或手掌取70°～90°的角度，放于犬猫腹壁的相应部位上，做数次急速而较有力的冲击动作，以感知深部脏器和腹腔的状况。如腹腔有回击波或震荡音，提示腹腔积液或靠近腹壁的脏器内含有较多的液状内容物。

b.深压触诊法　又称切入触诊法，是以一个或几个并拢手指逐渐用力按压，用以探测腹腔深在病变的部位和内部器官的性状，适用于检查肝脾的边缘。

c.双手触诊法　将一手置于被检查脏器或包块的后部，并将被检查的部位推向另一手的方向，这样除可起固定的作用外，同时又可使被检查的脏器或包块贴近体表以利于触诊。此法主要用于中小型宠物的腹腔检查。

d.按压触诊法　以手平放于被检部位，轻轻按压，以感知其内容物的性状与敏感性，适用于检查胸腹壁的敏感性及中小型宠物的腹腔器官与内容物的性状。

（3）注意事项

① 手法要轻柔，以免引起病宠的精神、肌肉紧张而影响检查效果。

② 做腹部检查时，应注意不要将肾脏、充盈的膀胱误认为腹腔包块。

③ 触诊时要手脑并用，边触摸边思索病变的解剖位置和毗邻关系，以明确病变的性质和来自何种脏器。

4.叩诊

叩诊是用手指或器械对宠物体表进行叩击，使之振动而产生声响，根据振动和声响的特点来判断被检部位的脏器状态有无异常的一种检查方法。

（1）叩诊应用

① 检查浅在的体腔（胸腔、腹腔、窦腔）及体表的肿胀，以判断内容物的性状（气体、液体或固体）和含气量的多少。

② 根据叩击体壁可间接引起机体内部器官振动的原理，以检查体内含气器官的含气量或物理状态。

③ 根据体内有些含气器官与实质器官交错排列的解剖上的有利条件，可因叩诊产生的某种固有声响的区域轮廓，去推断某一器官的位置、大小、形状及其与周围器官、组织的相互关系。

（2）叩诊方法

① 直接叩诊法　用一个或数个并拢且弯曲的手指，向宠物的体表进行轻轻的叩击，常用于检查胸腔及鼓气的胃肠。

② 间接叩诊法　在被叩击的体表部位上，放一振动能力较强的附加物，而后在这一

附加物上进行叩击的一种检查方法。附加的物体，一般称为叩诊板。间接叩诊的具体方法主要有指指叩诊法和锤板叩诊法。

a. 指指叩诊法　指指叩诊法虽然有简单、方便、不用器械的优点，但因其振动与传导的范围有限，只适用于中小型宠物的诊察。

b. 锤板叩诊法　叩诊锤一般是金属制作的，在锤的顶端镶有软硬适度的橡皮头，叩诊板可是金属、骨质、角质或塑料制作，形状不一。通常的操作方法是一手持叩诊板，将其紧密放于欲检查的部位上，另一手持叩诊锤，用腕关节作轴上下摆动，使之垂直地向叩诊板上叩击2～3下，以分辨其产生的声响，如图1-13所示。

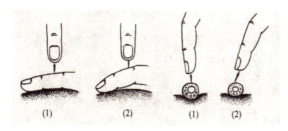

正确与错误的叩诊方法[（1）正确，（2）错误]

叩诊锤与叩诊板

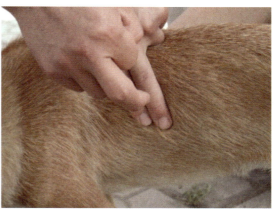

指指叩诊法

图1-13　叩诊方法

（3）叩诊音　由于叩诊时所用的力量和间隔时间各不相同，可产生不同的声响，根据声响的强弱、长短、高低，临床上将叩诊音区分为以下几种：

① 清音　是一种音调较低、响度较大、振动持续时间较长的声音，是正常肺部的叩诊音，提示肺脏的含气量、弹性和致密性均正常。

② 鼓音　是一种音调较高、响度较大、振动持续时间较长的一种和谐声响，是叩诊健康马盲肠时所产生的声响，或叩诊健康牛瘤胃上部1/3所产生的声响，在病理条件下，叩诊肺空洞、气胸、气腹时也出现鼓音。

③ 浊音　是一种音调较高、响度较小、振动持续时间较短的声音。浊音是叩诊肌肉或是叩诊不含气的实质器官（如心脏、肝脏和脾脏等）与体表直接接触的部位产生的声

响。在病理条件下，叩诊大量胸腔积液、高度胸膜肥厚及肺癌时出现浊音。

（4）注意事项

① 叩诊板需紧密地贴于体表，其间不能留有空隙，对于被毛较长的宠物，宜将被毛分开，以使叩诊板与体表有良好的接触，但也应注意，叩诊板不应过于用力压迫。

② 叩诊锤应垂直叩击叩诊板，叩击时应该快速、断续、短促而富有弹性，叩击的力量应均等。

③ 对病灶或被检部位小或位置浅表的，宜采取轻叩诊，如位置较深或病变范围较大，叩诊力量应稍重。当叩诊音不清时，可逐渐加重叩诊力量，与较弱的叩诊进行比较。

④ 为了对比解剖学上相同部位的病理变化，应用比较叩诊法。注意在比较叩诊时，条件要保持一致。

⑤ 叩诊检查法宜在室内进行，在室外进行时叩诊音响效果不佳。

5.听诊

听诊是用听觉听取机体各部位发出的声响，进而判断机体正常与否的一种检查法。听诊是听取机体在生理或病理过程中所自然发出的声响。广义的听诊包括听咳嗽、呃逆、嗳气、呼吸、肠鸣、呻吟、喘息、骨擦音、关节活动音、鸣叫等宠物所发出的任何声音。

（1）听诊内容

① 心血管系统的听诊　听取心脏和大血管的声音，特别是心音，主要是判断心音的强度、节律、性质、频率以及是否有附加音，心包的摩擦音和击水音也是应注意检查的内容。

② 呼吸系统的听诊　听取气管、肺脏的呼吸音、附加音和胸膜的病理性声音，如摩擦音和振荡音。

③ 消化系统的听诊　听取胃肠的蠕动音，判断其频率、强度、性质和腹腔的病理性声响。

（2）听诊方法

① 直接听诊法　将耳直接贴于宠物体表的相应部位进行听诊，具有方法简单、声音真实的优点，但因检查者的姿势不便，多不应用。

② 间接听诊法　又称器械听诊法，是指用听诊器进行听诊的方法。此法方便，可在任何体位下应用，而且对脏器的声音有放大作用，使用范围广，除心脏、肺脏、胃肠以外还可听到机体其他部位的血管音、皮下气肿音、骨擦音、关节活动音等，如图1-14所示。

（3）注意事项

① 一般应选择在安静的室内进行。

② 听诊器的接耳端要适宜地放入检查者的外耳道，

图1-14　间接听诊

接体端要紧密地放在被检部位，但不应过于用力压迫。

③ 检查者要集中注意力，注意听取和观察宠物的动作。

④ 注意防止一切杂音的产生，如被毛的摩擦，胶管与手臂、衣服等的摩擦。

⑤ 听诊要有针对性，在问诊之后有目的地进行。

6. 嗅诊

嗅诊是以嗅觉判断发自病宠的异常气味与疾病关系的方法。异常的气味多半来自皮肤、黏膜、呼吸道、血液以及呕吐物、排泄物和脓液等病理性产物。嗅诊时宠物医生将病宠散发的气味扇向自己的鼻部，然后仔细判断气味的性质。在临诊工作中，通过嗅诊往往能够迅速提供具有重要意义的诊断线索。

呼出气体和尿液带有酮味，常常提示酮血症；呼出气体和鼻液有腐败气味，提示呼吸道或肺脏有坏疽性病变；呼出的气体和消化道内容物中有大蒜气味，提示有机磷中毒；粪便带有腐败臭味，多提示消化不良或胰腺功能不足；阴道分泌物有脓液、伴有腐败臭味，提示子宫蓄脓或胎衣停滞。

六大基本检查方法可以与实验室检查及影像检查同时进行，根据检查结果综合分析，最后得出疾病的诊断结果。

二、体温

所谓体温就是机体的温度，它来源于机体在新陈代谢过程中所产生的热量。宠物机体各部分的温度并不是完全相同的，机体内部的温度一般比体表的温度高些，机体内各器官因功能不同温度也有差异。在实际工作中，一般都是以直肠的测量温度作为宠物深部的体温指标。

除此之外，宠物的体温还因个体、品种、年龄、性别及环境温度、活动状况等因素的影响而有相当的差异。一般来讲，幼龄宠物的体温比成年宠物的高些；雄性宠物的体温比雌性宠物的高些，但雌性宠物在发情、妊娠等时期的体温又比平常要高一些。正常情况下，宠物的体温一般白天比夜间高，早晨最低。

1. 体温相对恒定的意义

在正常情况下，宠物体温是相对恒定的。体温的相对恒定是保证机体新陈代谢和各种功能活动正常进行的一个重要条件。因为代谢过程中都需要酶的参与，而最适宜酶活动的温度是 37～40℃，过高或过低的温度都会影响酶的活性，或使其活性丧失，致使机体的各种代谢发生紊乱，甚至危及生命。体温的变化对中枢神经系统的影响特别显著，如发高烧时，中枢神经的功能就会发生紊乱。所以在临床上，体温往往作为宠物机体健康状况的一个重要标志。

2. 机体的产热过程和散热过程

宠物体温的相对恒定，是机体内产热与散热两个过程取得动态平衡的结果。

（1）**产热** 机体在新陈代谢过程中一切组织和器官都在不断地产生着热量，但由于营养物质在不同组织器官中氧化分解的强度不同，因而产生的热量也就不同。在整个机体内，肌肉（特别是骨骼肌）、肝脏、腺体产生的热量最多，宠物在运动时肌肉的产热量占总产热量的三分之二以上，剧烈运动时的产热量还要增加4～5倍之多。一些外界因素，如热的饲料、温水、较高的环境温度等，都可以成为体热的一部分来源。

（2）**散热** 机体在不断产生热量的同时，必须不断地将所产生的热量散发掉，这样才能维持体温的相对恒定。

机体主要通过皮肤、呼吸道、排粪、排尿的途径来散热，其中以皮肤散热为主。机体通过皮肤散热的方式有四种：

① 辐射 是机体以红外线的方式直接将热量散发到环境中去的散热方式。体表的温度与周围的空气或环境物体之间的温度差异越大，辐射所能散发的热量就越多。因此，低温的空气及寒冷的地面都可增加机体的辐射散热。反之，如环境温度超过体表温度，机体不仅不能利用辐射散热，反而会吸收环境的热量而使体温升高。

② 传导 是机体靠与较冷物体接触而将体热传出的一种散热方式。宠物本来就是热导体，体热是通过血液循环传导至皮肤表面的，然后再由皮肤传给所接触的物体。与皮肤接触的物体导热性越好、温度越低，传导所散失的热量就越多。

③ 对流 是机体靠周围环境中冷热空气的流动将体热散失的一种散热方式。宠物体周围与体表接触的空气，由于受到体热的加温，密度变小而逐渐地上升，被较冷空气取代，这样冷热空气的不断对流就把宠物的体热给带走了。影响这一散热方式的因素主要是空气的流动速度及其温度的高低。在一定限度内，对流速度（风速）越大，散热也就越快。

④ 蒸发 是当机体所处环境的温度等于体温或超过体温时，机体通过皮肤表面水分的蒸发和由呼吸道呼出水蒸气将体热散失的一种散热方式。1g水分在蒸发时可以散失2.43kJ的热量，所以汗腺发达的宠物，出汗是一个很重要的散热途径。汗腺不发达的宠物如犬、猫则可通过呼吸道内水分的蒸发来散热。

当外界气温高于体表温度时，蒸发散热成为犬、猫唯一的散热方式。

3. 体温的调节

机体通过神经调节和体液调节，使体内的产热过程和散热过程保持着动态平衡，从而维持着体温的恒定。

（1）**体温调节中枢** 体温调节中枢在下丘脑。下丘脑前区和视前区存在着热敏感神经元和少数的冷敏感神经元。当热敏感神经元兴奋时，可使机体的散热加强；而冷敏感神经元兴奋时，会引起机体的产热反应加强。这两种神经元共同构成了机体的体温调节中枢。

体温之所以能保持在一个稳定的范围内，是由于下丘脑的体温调节中枢存在着调定点，调定点的高低决定着体温的高低。视前区—下丘脑前区的热敏感神经元就起着调定点的作用。热敏感神经元对温热的感受有一定的阈值，这个阈值就叫该宠物的体温稳定调定点。当温度升高时，热敏感神经元冲动产生的频率就增加，使散热增加；反之，则产生的冲动减少，产热增加，从而达到调节体温的作用，使体温保持相对的恒定。

（2）体温调节的过程　正常情况下，当机体内、外温度降低时，皮肤、内脏的温度感受器接受刺激发出神经冲动，并沿着传入神经到达下丘脑的热敏感神经元；或血液温度降低直接刺激热敏感神经元和冷敏感神经元，分别使其抑制或兴奋，从而共同作用于下丘脑的体温调节机构。此时，皮肤的血管收缩，减少皮肤的直接散热；全身骨骼肌紧张度增强，发生寒战，同时在中枢的支配下还能促进肾上腺素和甲状腺素的分泌，使机体的代谢增强，产热量增加。另外，宠物会表现出被毛竖立，采取蜷缩姿态等来减少散热。反之，当机体内、外温度升高时，则可引起皮肤血管舒张、汗腺分泌增加，从而增加散热。同时肌肉紧张度降低，物质代谢减弱，产热量减少。

（3）正常体温　健康成年犬37.5～39.0℃，幼龄犬38.5～39.5℃；健康成年猫38.0～39.0℃，幼龄猫38.5～39.5℃。如果体温发生变化，常是患病的重要症状之一。

（4）临床意义　犬猫体温的变化有体温升高及体温降低，包括生理性体温变化及病理性体温变化。

健康犬猫的体温受某些生理因素的影响，可引起一定程度的生理性变动：首先是年龄因素，通常情况下，幼龄宠物的体温高于成年宠物；其次，性别、品种、营养及生产性能等对体温也有一定影响，一般母犬猫于妊娠后期及分娩之前体温稍高。此外，犬猫的兴奋、运动，以及采食、咀嚼活动之后，体温也会暂时性升高。一般宠物体温的昼夜变化：晨温稍低，午后稍高，昼夜温差变化在1.0℃以内。

在排除生理性影响的情况下，宠物体温的变化由某些疾病所导致时，即为病理性影响。在临床上测量体温可以早期发现患病犬猫，做到早期及时诊断。

① 体温升高　宠物体温升高多是感染指标之一，一般炎性疾病（如胃肠炎、肺炎、胸膜炎、腹膜炎、子宫内膜炎等）体温一定升高，风湿症、手术后体温也一过性升高。

根据程度的不同，体温升高分微热、中热、高热、最高热。

a.微热　体温超过正常体温0.5～1.0℃，主要见于局限性炎症和轻微性疾病，如胃肠卡他。

b.中热　体温超过正常体温1.0～2.0℃，主要见于消化道和呼吸道的一般性炎症，如支气管炎、胃肠炎、咽喉炎、布鲁氏菌病等慢性传染病。

c.高热　体温超过正常体温2.0～3.0℃，主要见于急性传染病和广泛性炎症，如流感、口蹄疫、大叶性肺炎、小叶性肺炎、急性弥漫性胸膜炎及腹膜炎。

d.最高热　体温超过正常体温3.0℃以上，主要见于严重的急性传染病，如败血症、脓血症、脓毒败血症、传染性胸膜肺炎、炭疽、日射病、热射病。

在病理性发热过程中，根据其经过的特点不同，可将发热分为以下几种类型：稽留热、弛张热、间歇热、不定型热、双相热。热型的确定主要是通过记录宠物每天的体温变化（早、晚各测温一次，然后取平均值）并把结果记录在一定表格上，得到不同形状的曲线——体温曲线，根据体温曲线形状判定发热类型。

a.稽留热　高热持续数天或更长时间，并且昼夜温差在1℃以内，是由于致热原长期作用于体温中枢神经系统，多见于大叶性肺炎、流感、传染性胸膜炎、犬瘟等。

b.弛张热　体温昼夜温差在1～2℃或3℃以上，不降到正常温度。主要见于各种败血症、化脓性疾病、支气管肺炎、小叶性肺炎和严重的结核病。

c.间歇热　在持续数天的发热后出现无热期，如此以一定间隔时间而反复交替出现发热的现象，或体温升高与体温正常交替出现。主要见于焦虫病、锥虫病。

d.不定型热　体温曲线无规律地变动。主要见于许多非典型性疾病，如布鲁氏菌病等。

e.双相热　即初次体温升高约持续2d，然后降至正常体温2～5d，再次体温升高并持续数日，常见于犬瘟热。

② 体温降低　除老龄宠物的体温降低外，主要见于重度营养不良、严重的贫血、大失血、内脏破裂、休克、中毒和某些脑病（如慢性脑室积水和脑肿瘤），长期瘫痪、频繁下痢的病宠直肠温度偏低。明显的低体温，同时伴有发绀、末梢厥冷、高度沉郁、心脏微弱、脉搏弱不感手，多提示预后不良。

三、呼吸

机体与外界环境之间进行气体交换的过程，称为呼吸。机体借助呼吸运动，满足机体对氧气的需求和排出机体产生的二氧化碳，维持机体的正常生命活动。呼吸系统主要由上呼吸道（包括鼻、咽、喉和气管）、支气管、肺等组成，如图1-15所示。

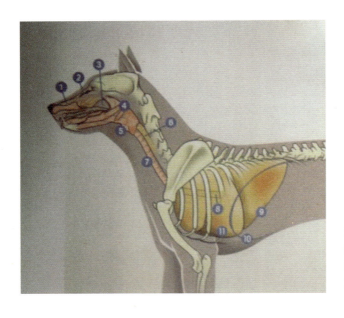

图1-15　呼吸系统的组成

1—鼻腔；2—前鼻窦；3—鼻孔；4—咽；5—喉；6—食管；7—气管；8—气管末端；9—左肺基础边缘；10—膈（投影）；11—左肺

1.呼吸过程

呼吸是宠物生命活动的重要特征，呼吸过程包括以下三个环节。

（1）外呼吸　即气体（氧气和二氧化碳）在肺泡和血液间的交换，因是在肺内进行故又称肺呼吸。

（2）气体的运输　即血液流经肺部时获得氧，并通过血液循环带给全身组织，同时把组织产生的二氧化碳运至肺部排出体外。

（3）内呼吸　即血液与组织液之间的气体交换，因是在组织内进行，故又称组织呼吸。

2.呼吸运动

呼吸运动是指因呼吸肌群的交替舒缩而引起胸腔和肺节律性扩大或缩小的活动。其中，胸腔和肺一同扩大使外界空气流入肺泡的过程叫吸气；胸腔和肺一同缩小将肺泡内的气体逼出体外的过程叫呼气。呼吸运动是肺通气的原动力。

（1）吸气和呼气的发生

① 吸气过程　吸气过程是一个主动过程。当吸气肌（肋间外肌和膈肌）收缩时，便引起胸腔两壁的肋骨开张、后壁的膈顶后移和底壁的胸骨稍降，肺会随之发生扩张，肺泡内气压会迅速降低。当外界气压相对高于肺内压时，空气便从外界经呼吸道进入肺泡。

② 呼气过程　呼气过程是一个被动过程。吸气过程一停止，肋间外肌和膈肌便立即舒张，肋骨、膈顶和胸骨便宽息回位，使胸腔和肺得以收缩，肺泡内气压会迅速上升。当外界气压相对低于肺内压时，肺泡气体便经呼吸道呼出体外。

宠物剧烈运动或不安时，伴随着肋间外肌和膈肌的舒张，肋间内肌和腹壁肌也参与呼气，使胸腔和肺缩得更小，肺内压升得更高，于是呼气也比平时更快更多。

（2）胸内负压及其意义　宠物吸气时肺能随胸腔一同扩张的根本原因在于胸内负压。胸内负压指胸膜腔内的压力在呼吸过程中始终低于外界大气压。这种负压是胎儿出生后发展起来的。胎儿时期，肺为不含气的器官，胎儿出生后，胸腔因首次吸气运动而扩大。外界空气经呼吸道进入肺泡后，大气压便通过肺泡壁间接作用于胸膜腔的壁层，又因扩张状态的肺具有一定的弹性回缩力，使胸腔的脏层能抵消一部分大气压后与胸膜腔壁层分离，不含气体的胸膜腔中便出现了负压现象。胸内负压可用下列公式表示：

$$胸内负压=大气压-肺弹性回缩力$$

胸内负压的存在有重要的生理意义。首先，负压使胸膜腔的壁层和脏层浆膜之间产生二者相吸的倾向，从而确保了肺能跟随胸腔做相应的扩张，也使肺泡内经常能保留一定的余气，有利于持续进行气体交换。另外，负压有利于静脉血和淋巴液的回流。但当胸膜腔因胸膜腔穿透损伤等原因破裂时，胸内负压便随着进气（称为气胸）而消失。此时即使胸腔运动仍在发生，由于肺自身因弹性回缩而塌陷，不能随之扩大和缩小，肺通气便不再继续。

3.呼吸运动检查

呼吸运动是指在宠物呼吸时，呼吸器官及其他参与呼吸的器官所表现的一种有节律的协调运动。呼吸运动的检查具有重要的诊断意义，因为它不仅可以获得疾病的重要症状，而且还可以为进一步检查提供线索和方向。

呼吸运动检查的主要内容包括：呼吸的类型、节律、频率、对称性、是否有呼吸困难和呃逆（膈肌痉挛）。

（1）**呼吸类型**　即宠物的呼吸方式。检查时，应注意胸廓和腹壁起伏动作的协调性和强度。根据胸廓和腹壁起伏变化的程度和呼吸肌收缩的强度，可将呼吸类型分为以下三种：

① 胸腹式呼吸　健康宠物一般为胸腹式呼吸，即在呼吸时，胸廓和腹壁的运动协调，强度也大致相等，因此亦可称为混合式呼吸。只有犬例外，正常时犬即以胸式呼吸占优势。

② 胸式呼吸　为一种病理性呼吸方式。表现为胸廓的起伏动作特别明显，而腹壁的运动特别轻微，主要是由于腹部剧烈疼痛、腹内压急剧升高或膈肌麻痹而引起的。临床上常见于腹膜炎、瘤胃鼓气、肠鼓气、急性胃扩张、腹腔积液、膈肌麻痹、膈肌破裂。

③ 腹式呼吸　也是一种病理性呼吸方式。其特征为腹壁的起伏动作特别明显，而胸廓的活动极轻微，提示病变在胸廓。主要见于急性胸膜炎、胸膜肺炎、胸腔大量积液、慢性肺气肿和肋骨骨折等。病理原因是胸部的运动器官疼痛反射性抑制胸廓起伏动作，或者是由于肺泡弹力降低、支气管狭窄，影响肺泡内气体的排出，患宠需要加强腹壁收缩，增强腹腔对膈肌的压力，以利于气体排出。

（2）**呼吸节律**　所谓呼吸节律是指每次呼吸间隔相等，如此周而复始，很有规律。一般情况下，呼气的时间要比吸气的时间稍长，这是因为吸气是主动性的动作。健康宠物的呼吸节律，可因兴奋、惊恐、运动、尖叫及嗅闻等而发生暂时性改变。在病理情况下，正常的呼吸节律遭到破坏，称为异常节律。临床上常见的呼吸节律变化有以下几种：

① 呼气延长　特征是呼气异常费力，呼气的时间显著延长，表示气流呼出不畅，从而出现呼气困难。发病原因主要是支气管狭窄、肺泡弹力不足，主要见于慢性支气管炎、慢性肺气肿等。

② 吸气延长　特征是吸气异常费力，吸气时间显著延长，表示气流进入肺部不畅，从而出现吸气困难。见于上呼吸道狭窄，如鼻、喉、气管的黏膜肿胀、肿瘤、假膜、黏液或异物阻塞及呼吸道外有病变压迫等。

③ 间断性呼吸　其特征是吸气或呼气呈间断性，即在吸气或呼气时出现多次短促的吸气或呼气动作，是由于病宠先抑制呼吸，然后进行补偿的结果。主要见于细支气管炎、慢性肺气肿、胸膜炎和伴有疼痛的腹部疾病，也见于脑部疾病，如脑炎、中毒等。

④ 陈-施二氏呼吸　此型呼吸是病理性呼吸的典型代表。其特征是呼吸逐渐加深、加强、加快，当达到高峰后，又逐渐变慢、变浅、变弱，而后呼吸中断。经数秒至10～15s短暂间歇后，又以同样的方式出现，这种波浪式的呼吸方式又称潮式呼吸，如图1-16所示。这是由于血液中二氧化碳增多，氧减少，颈动脉窦、主动脉弓的化学感受器和呼吸中枢受刺激，使呼吸逐渐加深加快，待达到高峰后血液中二氧化碳减少，而氧增多，呼吸又逐渐变浅变慢，继而出现呼吸暂停。这种周而复始的变化是呼吸中枢敏感性降低的特殊标志或指征。此时病宠可能出现昏迷、意识障碍、瞳孔反射消失以及脉搏的显著变化。这种呼吸多是神经系统疾病导致脑循环障碍的结果，也是病危的表现。主要见于脑炎、心力衰竭以及某些中毒，如尿毒症、药物或有毒植物中毒等。

⑤ 毕欧特氏呼吸　也是一种病理性呼吸节律。其特征是数次连续的、深度大致相

等的深呼吸和呼吸暂停交替出现,如图1-17所示。表示呼吸中枢的敏感性极度降低,是病情危险的标志。常见于各种脑炎,也见于某些中毒,如蕨中毒、酸中毒和尿毒症等。

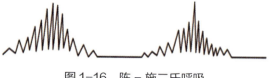

图1-16　陈-施二氏呼吸

⑥库斯茂尔氏呼吸　特征为呼吸不中断发生深而慢的大呼吸,呼吸次数减少,并带有明显的呼吸杂音,如图1-18所示,如啰音和鼾声,故又称深大呼吸。多见于酸中毒、尿毒症、濒死期,偶见于大失血、脑脊髓炎和脑积水等。

图1-17　毕欧特氏呼吸

(3)呼吸频率　正常犬的呼吸频率是每分钟10～30次,正常猫的呼吸频率是每分钟20～30次。

图1-18　库斯茂尔氏呼吸

呼吸频率受很多因素的影响,如犬的品种、性别、年龄、营养、温度、海拔,以及运动等。所以,健康犬呼吸频率的变动范围很大。

呼吸频率加快见于发热性疾病,如各种肺病、心脏病、贫血、大失血、胃扩张、肋骨骨折及腹膜炎等;呼吸频率降低见于中毒、重度代谢紊乱、上呼吸道狭窄、尿毒症和某些脑病(脑炎、脑肿瘤、脑水肿)等。

四、心率(脉搏数)测量

1.心肌的生理特性

(1)自动节律性　心脏在没有神经支配的情况下,在一定时间内仍能维持自动而有节律地跳动,这一特性称为自动节律性。自动节律性源于心脏的传导系统,心脏传导系统的各个部位都具有产生自律性的能力,但自律性高低不一。

窦房结的自律性最高,成为心脏正常活动的起搏点,其他部位自律细胞的自律性依次逐渐降低,在正常情况下不自动产生兴奋,只起兴奋传导作用。以窦房结为起搏点的心脏节律性活动,称为窦性心律。当窦房结的功能出现障碍,兴奋传导阻滞或某些自律细胞的自律性异常升高时,潜在起搏点也可以自动发生兴奋而引起部分或全部心脏的活动。这种以窦房结以外的部位为起搏点的心脏活动,称为异位心律。

(2)传导性　是指心肌细胞的兴奋沿着细胞膜向外传播的特性。正常生理情况下,由窦房结发出的兴奋可以按一定途径传播到心脏各部,顺次引起整个心脏中的全部心肌细胞进入兴奋状态。兴奋在房室结的传导速度明显放慢,并有约0.07s的短暂延搁,保证心房完全收缩把全部血液送入心室,使心室收缩时有充足的血液射出。

(3)兴奋性　心肌对适宜刺激发生反应的能力,称兴奋性。当心肌兴奋时,它的兴奋性也发生相应的周期性变化。

① 绝对不应期　心肌在受到刺激而出现一次兴奋后，有一段时间兴奋性极度降低到零，无论给予多大的刺激，心肌细胞均不发生反应，这一段时间称为绝对不应期。心肌细胞的绝对不应期比其他任何可兴奋细胞都长得多，对保证心肌细胞完成正常功能极其重要。

② 相对不应期　在心肌开始舒张的一段时间内，给予心肌较强的刺激，才可引起心肌细胞产生兴奋，这一段时间称为相对不应期。此期心肌的兴奋性已逐渐恢复，但仍低于正常水平。

③ 超常期　在心肌舒张完毕之前的一段时间内，给予心肌较弱的刺激就可引起兴奋，此期称为超常期。超常期过后，心肌细胞的兴奋性恢复至正常水平。

（4）收缩性　心肌兴奋的表现是肌纤维收缩，称为收缩性。心肌收缩的特点之一是单收缩，而不像骨骼肌的强直收缩，从而使心脏保持舒缩活动交替进行，保证心脏射血和血液回流等功能的实现。

在心脏的相对不应期内，如果给予心脏一个较强的额外刺激，则心脏会发生一次比正常心律提前的收缩，称为额外收缩（期外收缩）；额外收缩后，往往出现一个较长的间歇期，称为代偿间歇，恰好补偿上一个额外收缩所缺的间歇期时间，以保证心脏有充足的补偿氧和营养物质的时间，而不致发生疲劳。

2. 心动周期和心率

（1）心动周期　心脏每收缩和舒张一次，称为一个心动周期。在一个心动周期中，心脏各部分的活动遵循一定的规律，又有严格的顺序性，一般分为三个时期：

① 心房收缩期　左、右心房基本上同时收缩，两心室处于舒张状态。

② 心室收缩期　左、右心室收缩，两心房已收缩完毕，进入舒张状态。

③ 间歇期　心室已收缩完毕，进入舒张状态，而心房仍然保持舒张状态。

在心动周期中，由于心房和心室收缩期都比舒张期短，所以心肌在每次收缩后能够有效地补充氧和营养物质以及排出代谢产物。由于心房的舒缩对射血意义不大，所以一般都以心室的舒缩为标志，把心室的收缩期叫心缩期，而把心室的舒张期叫心舒期。

（2）心率　健康宠物单位时间内心脏搏动的次数称为心率。心率可因宠物种类、年龄、性别、所处环境、地域等情况而不同。大型犬的正常心率为60～140bpm；中型犬的正常心率为80～120bpm，小型犬的正常心率为90～140bpm；猫的正常心率为140～250bpm。

3. 心脏的泵血过程

（1）心房收缩期　此期正处于间歇期末，心室的压力低于心房的压力，房室瓣仍处于开放状态，所以心房收缩时，房内压升高，血液便通过开放的房室瓣进入心室，使心室血液更充盈。

（2）心室收缩期　心房收缩后，心室即开始收缩，室内压逐渐升高，当超过房内压时，将房室瓣关闭，使血液不能逆流回心房。室内压继续升高，当超过主动脉和肺动脉内压时，血液冲开动脉瓣，迅速射入主动脉和肺动脉内。心室收缩时，心房已处于舒张期，可促使静脉血液流入心房。

（3）间歇期　心室开始舒张，室内压急剧下降，低于动脉内压时，动脉瓣立即关闭，防止血液逆流回心室。尔后心室内压继续下降至低于房内压时，房室瓣开放，促使心房血液流入心室，为下一个心动周期做准备。

4.心音

心动周期中，由于心肌收缩、瓣膜启闭，引起血流振动产生的声音，称为心音。通常在胸廓的心区内可以听到。它由"嗵""嗒"两个声音组成，分别叫第一心音和第二心音。

（1）心音特点　第一心音的特点是音调低、持续时间长、尾音也长，但到第二心音发生时间间隔较短。第一心音是由心肌收缩音、两房室瓣同时闭锁音及心室驱出的血液冲击动脉管壁的声音混合而成。因发生于心缩期，故称为缩期心音。其出现与心搏动及脉搏一致。

第二心音的特点是音调高、响亮而短、尾音消失快，到下一次第一心音时间间隔长。第二心音是由于心室舒张时，两动脉瓣同时闭锁音、两房室瓣同时伸张音及心肌舒张音混合而成。因发生于心舒期，故称为舒期心音。其出现与心搏动及脉搏不一致。

在正常情况下，两心音不难区别，但在心跳增速时，两心音的间隔几乎相等，则不易区别。这时可一边听心音，一边触诊心搏动，与心搏动同时出现的心音是第一心音，与心搏动不一致的心音是第二心音。

（2）心音最强（佳）听取点　在心脏部任何一点，都可以听到两个心音，但由于心音沿血液方向传导，因此只能在一定部位听诊才听得最清楚。临床上把心音听得最清楚的部位，称为心音最强（佳）听取点。

5.脉搏数

同一犬猫的脉搏数与心率应是一致的，即每分钟脉搏或心脏跳动的次数。通常在犬猫的后肢股内侧的股动脉处检查脉搏，检查者站在犬猫的侧后方，一手握后肢，一手伸入股内，以手指轻压动脉检查。

任务实施

【材料准备】

犬（猫）、伊丽莎白项圈、口套、扎口绳、一次性检查手套、体温计、纱布、甘油、酒精棉球、液体石蜡、听诊器、计时器等。

【操作步骤】

（1）体温测量

① 在保证安全的条件下，犬猫安全保定（站立保定和侧卧保定均可），避免测量过程中犬猫反应过于激烈。

犬体温测量

② 测量人员戴上检查手套。

③ 把体温计刻度甩到35℃以下,用纱布块蘸取少量凡士林或甘油,将体温计的前端1/3涂上润滑剂(或把体温计放进肛表套内,撕下肛表套外层包装待用,肛表套已含有少量凡士林),如图1-19所示。

(a) 读数　　　　　　　　　　　　(b) 使用肛表套

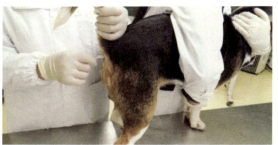

(c) 蘸取液体石蜡　　　　　　　　(d) 体温计在直肠处测体温

图1-19　体温测量

④ 左手把犬猫的尾巴抬起稍偏向对侧,右手持体温计插入肛门,轻轻旋转向里插,插进体温计长度的1/3～1/2即可(根据动物体格大小差异)。然后左手把犬猫的尾巴交给右手,右手一直扶着体温计和犬猫尾巴直到测量完成,测量时间在3min以上,如图1-19所示。

⑤ 测量完毕后缓慢拔出体温计,用干净的纱布块擦干净(有肛表套时需褪去肛表套),再读取体温数值。

⑥ 读取体温数值后,记录结果,把体温计甩至35℃以下,用酒精棉球擦净,放入盛放消毒液的容器内浸泡消毒,并放到安全区域以备下次使用。

⑦ 清理用具,并将工作区消毒。

(2)呼吸测量

① 在保证安全的条件下,使犬猫静息(或进行适当的安全保定),避免测量过程中犬猫反应过于激烈。

② 测量者准备,听到计时指令后进行测量(犬猫胸腹部起伏1次为1次呼吸),直到

犬呼吸频率测量

图 1-20　呼吸测量

计时结束，如图 1-20 所示。

③ 计时者在测量者准备完成后，发出计时指令，并计时 1min。

④ 记录数值。

（3）心率（脉搏）测量

① 在保证安全的条件下，犬猫安全保定（站立保定和侧卧保定均可），避免测量过程中犬猫反应过于激烈。

② 测量人员戴上检查手套。

③ 测量者准备，找到犬猫左侧腋窝下心音听取最佳点［测量者在听心率时可按图 1-21（b）方式同时摸取脉搏，确认心率与脉搏的一致性］，如图 1-21 所示。

④ 计时者在测量者准备完成后，发出计时指令，并计时 1min。

⑤ 记录数值。

犬心率测量

犬脉搏测量

(a) 心率的测定

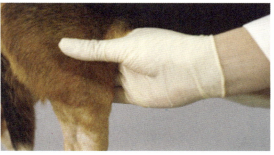
(b) 脉搏数的测定

图 1-21　心率（脉搏）测量

【注意事项】

（1）犬猫兴奋、紧张、运动时，可使体温暂时性轻度升高，因此在测量前应保持犬猫安静、不喂水或食物，更不能刺激其吠叫，以免影响测量结果。

（2）测量时，采用适合的保定方法，确保人和宠物的安全。

（3）如选用水银体温计，测温前一定要检查体温计是否甩到35℃以下，以免影响测量结果。

（4）测温时，体温计插入肛门时动作应轻柔缓慢，插入深度根据宠物体格大小，一般为体温计长度的1/3～1/2即可，避免宠物感到不适、乱动或暴躁，以免损伤动物直肠黏膜。

（5）当体温计插入宠物体内后，右手要扶着体温计和尾巴直到测量完成，避免宠物坐下或乱动弄碎体温计或使体温计完全插入直肠。

（6）当宠物直肠蓄炎较多时，应该使其排出后再进行测温，以免影响测量结果。

任务记录与小结

认真并独立完成本次任务报告，见《任务工作手册》示例。

任务考核

教师按"任务考核单"（见《任务工作手册》）对学生任务完成情况进行考评。

项目二

皮肤被毛检查

　　宠物皮肤病的症状很多，主要包括脱毛、结痂、红疹、溃疡、抓挠等。皮肤被毛检查主要指通过视诊或触诊对宠物被毛的清洁度和完整性、皮肤的平滑度、皮下组织的肿胀物进行的临床检查；应用伍氏灯对真菌性皮肤病进行诊断；应用皮肤刮片技术对螨虫感染的皮肤病进行诊断。另外，如还有其他的疾病，需要进行特殊的实验室检查进行诊断。

任务四 皮肤被毛检查

被毛检查主要包括被毛清洁度、光泽、分布状态、完整性及与皮肤结合的牢固性等，皮肤检查主要包括皮肤的颜色、温度、湿度、弹性、是否有疱疹等。健康宠物的被毛平滑、整洁、有光泽且完整性好，皮肤颜色呈淡粉红色且富有弹性。检查被毛和皮肤主要通过视诊或触诊进行。

任务目标

（1）掌握正常皮肤被毛的状态。
（2）掌握常见皮下组织肿胀物的类型。
（3）能区分正常与异常皮肤被毛的状态。
（4）能触摸到犬猫浅表淋巴结状态。
（5）培养团队协作能力。

临床应用

（1）脱毛、抓挠、被毛凌乱。
（2）红疹、结痂、有肿胀物。
（3）溃疡、创伤等。
（4）体检犬猫的皮肤病理学检查。

任务知识

一、被毛

正常犬猫春秋季节换毛，且换毛部位遍布全身，检查时应区分正常换毛与皮肤病、营养代谢病引起的脱毛。被毛蓬乱而无光泽伴有大面积脱毛常为营养不良的标志，发生一般慢性消耗性疾病、长期的消化紊乱、营养物质不足及某些代谢紊乱性疾病多见。此外，当饲养管理不当，食物受污染或营养成分过于单一时，可能出现卷毛、无光泽和色泽有变化的情况，并可影响皮肤的健康状态。

二、皮肤检查

1. 皮肤颜色的检查

对白色皮肤的宠物进行检查时,皮肤颜色呈白色略带粉红色,颜色的变化容易识别;有色素沉着或黑色皮肤较难检查,常进行参照辨别,其颜色变化主要有潮红、苍白、黄染、发绀等,其具体颜色变化见可视黏膜颜色变化。

2. 皮肤温度检查

皮肤温度检查时常用手掌或手背触诊检查犬猫的耳根、腹部或大腿内侧。皮肤温度增高是体温升高、皮肤血管扩张、血流加快的结果。全身性皮肤温度增高可见于热性病,局限性皮肤温度增高是局部炎症的结果。全身皮肤温度降低是体温过低的标志,可见于衰竭、严重贫血、营养不良等,严重的脑病及中毒时体温也低于正常水平。皮肤温度不均多见于重度循环障碍。

3. 皮肤湿度检查

皮肤湿度检查主要通过视诊和触诊进行,健康犬、猫的鼻镜湿润、无热感。鼻镜干燥,可见于发热病及重度消化障碍与全身病,严重时可发生皲裂,提示犬瘟热等。有些犬猫睡觉时可见鼻镜发干,醒后即湿润,为正常情况。

4. 皮肤弹性检查

皮肤弹性检查的部位可在宠物的背部,检查方法是将检查部位皮肤作一皱襞后再放开,观察其恢复原状的情况。健康宠物检查部位皮肤放手后立即恢复原状,皮肤弹性降低时,则放手后恢复缓慢,多见于犬猫腹泻、呕吐引起的严重脱水、休克、虚脱以及慢性皮肤病。

5. 皮肤肿胀物检查

发生丘疹、水疱和脓疱时要特别注意被毛稀疏处、眼周围、唇、蹄趾间等处。

三、皮下组织

皮下或体表有肿胀时,应注意肿胀部位的大小、形状,并触诊判定其内容物性状、硬度、温度、移动性及敏感性等。常见的肿胀类型及其特征如下。

1. 皮下水肿

表面扁平,与周围组织界线明显,用手指按压时有生面团样的感觉,留有指压痕,且较长时间不易恢复,触诊时无热、无痛;而炎性肿胀则有热痛,有或无指压痕。

2. 皮下气肿

边缘轮廓不清,触诊时发出捻发音("沙沙"声),压迫时有向周围皮下组织窜动的感觉。颈侧、胸侧、肘后的皮下气肿,多为窜入性,局部无热痛反应;而厌气性细菌感染时，气肿局部有热痛反应，且局部切开后可流出混有泡沫的具有腐败臭味的液体。

3. 脓肿及淋巴外渗

外形多呈圆形突起，触之有波动感。脓肿可触到较硬的囊壁，两者可用穿刺进行鉴别。

4. 疝

触诊有波动感，可通过触到疝环及整复试验而与其他肿胀鉴别。大型宠物多发生脐疝、腹股沟疝、会阴疝等。

四、浅表淋巴结

犬猫的浅表淋巴结包括下颌淋巴结、耳下及咽喉周围的淋巴结、肩前淋巴结、颈部淋巴结、腹股沟淋巴结、乳房淋巴结等。

浅表淋巴结的病理变化有：

（1）**急性肿胀** 表现淋巴结体积增大，并伴有热痛反应，常较硬，化脓后触诊有波动感。

（2）**慢性肿胀** 多无热痛反应，较坚硬，表面不平，且不易向周围移动。

任务实施

【材料准备】

犬（猫）、伊丽莎白项圈、口套、扎口绳、一次性检查手套。

【操作步骤】

（1）适当保定以维持宠物不动。

（2）整体观察患宠全身被毛的光泽度、丰满度以及脱毛的区域。

（3）检查皮肤上是否有红斑、鳞屑、丘疹、斑点、脓疱及创伤等，如图2-1所示。

（4）皮肤弹性检查时可将检查部位皮肤作一皱襞后再放开，观察其恢复原状的情况，如图2-2所示。

（5）检查被毛稀疏处、眼周围、唇、脚趾间等处是否有丘疹、水疱和脓疱、创伤等症状，如图2-3所示。

（6）检查发现皮下或体表有肿胀时，应注意肿胀部位的大小、形状，并触诊判定其内容物性状、硬度、温度、移动性及敏感性等，如图2-4所示。

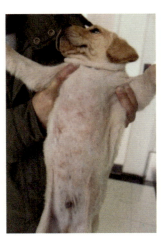
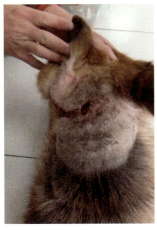

图 2-1　丘疹及创伤的检查

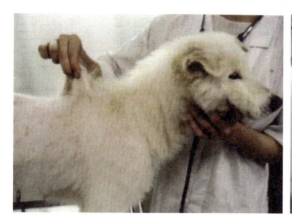 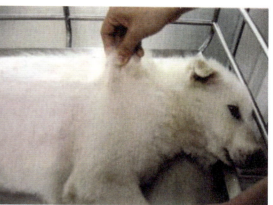

图 2-2 犬皮肤弹性检查

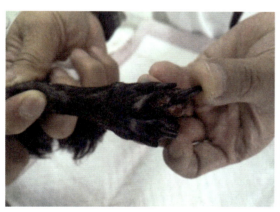 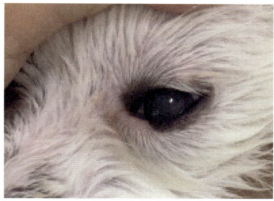

趾间炎　　　　　　　　　　　　　眼睑红肿

图 2-3 脚趾与眼睑检查

乳腺肿瘤　　　　　　　　　　　　颈背部肿胀

图 2-4 皮肤肿胀物检查

（7）用双手触摸浅表淋巴结检查时，应注意其大小、形状、硬度、敏感性及在皮下的可移动性，必要时还可配合应用穿刺检查法，如图2-5所示。

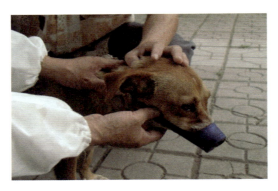

图2-5　颈部淋巴结检查

【注意事项】

（1）由于犬猫都有被毛在体表，所以在皮肤被毛检查时应尽可能逆毛扒开进行检查。

（2）在进行皮肤检查时，应注意寄生虫，如跳蚤、螨虫、蜱虫等。

（3）若发现有对称性脱毛，则表明该患宠可能有内分泌失调的症状发生，例如肾上腺皮质激素亢进、甲状腺功能减退或性激素失调。

任务记录与小结

认真并独立完成本次任务报告，见《任务工作手册》示例。

任务考核

教师按"任务考核单"（见《任务工作手册》）对学生任务完成情况进行考评。

任务五

伍氏灯检查

凡由真菌引起的宠物皮肤瘙痒、脱毛、结痂和皮肤异常变化的疾病统称为真菌性皮肤病。真菌性皮肤病主要为犬小孢子菌、石膏样小孢子菌和须毛癣菌感染引起。

 任务目标

（1）掌握真菌性感染的皮肤症状。
（2）能评估患病宠物感染类似真菌（钱癣）的皮肤病灶。
（3）提高团队协作能力。

 临床应用

评估犬猫可能是钱癣的皮肤病灶。

 任务知识

伍氏灯是一种紫外线灯，会透过钴或镍的滤片过滤光波。有些皮肤真菌如犬小孢子菌会出现绿色荧光，因为此类真菌会利用皮毛中的色氨酸生长代谢，其代谢产物在伍氏灯下能够发出特异性荧光。

典型的真菌性病灶界线明显，有痂皮以及瘙痒。然而皮肤真菌感染会出现各种不同的外观，因此任何病例有区域性或片状脱毛、痂皮、皮脂漏、瘙痒或者区域性的毛囊炎，应考虑以伍氏灯检查，如图2-6所示。

 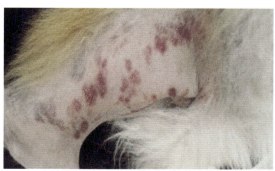

(a) 患钱癣的猫头部，有一圆形结痂与瘙痒所致的片状脱毛　　(b) 感染犬小孢子菌的犬，出现多处圆形结痂，与片状脱毛

图2-6　真菌感染的犬猫皮肤症状

 任务实施

【材料准备】

真菌感染的犬（或猫）、伍氏灯（图2-7）、手套。

【操作步骤】

（1）检查患病宠物前，伍氏灯需暖机至少5min。

（2）适当保定以维持宠物不动。

（3）戴手套，并在暗房间内以伍氏灯检查患病宠物，如图2-8所示。

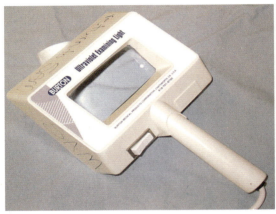

图2-7　伍氏灯

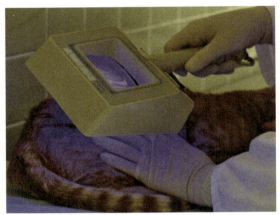

图2-8　在暗室内以伍氏灯检查患病宠物

（4）在病灶处找寻被毛上的亮绿色荧光，如图2-9所示。

(a) 猫尾巴皮肤周围的病灶，因犬小孢子菌感染造成被毛呈绿色荧光

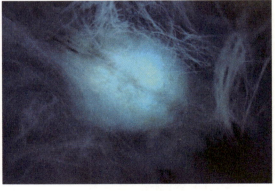

(b) 犬腹部的钱癣病灶，伍氏灯检查结果呈犬小孢子菌感染阳性

图2-9　伍氏灯光下有绿色荧光

（5）结果：犬小孢子菌感染在伍氏灯照射下会呈现特征性亮绿色荧光，且只有大约50%的犬小孢子菌感染会呈现亮绿色荧光，因此对怀疑的病灶（及所有伍氏灯检查呈阳性

的病灶），应做被毛、痂皮及皮肤拭子真菌培养，以确诊皮肤真菌性感染。小孢子菌与癣菌是猫感染皮肤病最主要的原因（>98%）；若是犬，约为50%～70%。

【注意事项】

（1）检查时需戴手套，因为感染犬与猫的皮肤真菌也可感染人。

（2）伍氏灯使用前要暖机5～10min，因为光波的稳定性以及强度取决于温度。

（3）重要的是要区分出痂皮以及鳞屑上发出的非特异性荧光，以及皮肤真菌感染所发出的荧光。鳞屑与痂皮往往呈扩散分布（并不局限在毛干上），发出的光线为橄榄绿或黄绿色。犬小孢子菌的荧光则限定在个别的被毛上（常为脱落的被毛），且典型颜色为苹果绿（非常亮的绿色，如同灯光透过史莱姆棒棒糖所发出的光）。

（4）犬被毛上的犬小孢子菌荧光会持续到治疗之后。过一段时间，当新的被毛长出后，死亡的真菌会位于被毛的尾部，而非如感染活跃期时出现在根部。

 任务记录与小结

认真并独立完成本次任务报告，见《任务工作手册》示例。

 任务考核

教师按"任务考核单"（见《任务工作手册》）对学生任务完成情况进行考评。

任务六 皮肤刮片

凡由螨虫引起犬猫皮肤瘙痒、脱毛、结痂和皮肤异常变化的疾病统称为螨虫性皮肤病。螨虫性皮肤病主要由疥螨、蠕形螨（毛囊虫）、痒螨等引起。

任务目标

（1）掌握螨虫感染的皮肤症状。
（2）能评估患病宠物皮肤上或皮肤内的螨虫。
（3）提高团队协作能力。

临床应用

皮肤刮片常用于有脱毛、皮屑或发痒症状的犬或猫。

任务知识

一、螨虫简介

1. 疥螨

虫体呈宽卵圆形，半透明，白色，体表覆以细刺毛，足较短，在宠物皮下挖掘隧道，引起剧烈瘙痒，感染局部脱毛、红斑、丘疹、皮肤增厚、结痂等，常继发细菌感染，可感染犬、猫等宠物。

2. 蠕形螨

寄生于毛囊和皮脂腺内，通过接触传染。宠物体表有少量蠕形螨存在时，可不产生临床症状。临床上主要见犬蠕形螨感染，常发生皮脂腺分泌过度、瘙痒、脱毛、皮肤肿胀发红等，伴有细菌感染时，宠物身体有特殊臭味。

3. 痒螨

寄生于宠物皮肤表面，虫体总体上呈椭圆形，足较疥螨长。宠物临床上最常见猫的耳痒螨感染。感染耳痒螨的猫耳内常有大量棕黑色分泌物，时间长的，分泌物可干结成块，堵塞耳道。

二、皮肤刮片位置

（1）疑似感染位置是最适合的刮片位置。

（2）疥螨最有可能在压力点找到，如跗、肘部以及耳朵边缘等。大多受到感染的犬会感到极度瘙痒，如图2-10所示。

(a) 最可能出现疥螨的位置　　　　　(b) 感染疥螨的犬产生脱毛、红斑及表皮脱落

图2-10　疥螨刮片部位

（3）蠕形螨最有可能在犬面部以及脚部出现点状病灶，但任何部位都有可能受到全身性毛囊炎的侵袭。蠕形螨通常会深入毛囊，所以刮片之前应先将皮肤捏紧，增加刮到的机会，如图2-11所示。

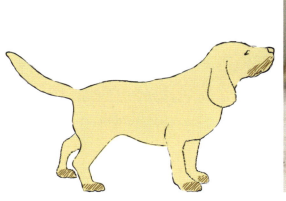 

(a) 最有可能出现蠕形螨的位置　　　　　(b) 怀疑感染蠕形螨的田园犬，出现
　　　　　　　　　　　　　　　　　　　　全身性红斑、鳞屑以及结痂

图2-11　蠕形螨刮片部位

任务实施

【材料准备】

犬或猫、手套、保定工具、载玻片、盖玻片、矿物油或甘油、手术刀片、显微镜［使用低倍物镜（40×）］、剪刀。刮片所需材料如图2-12所示。

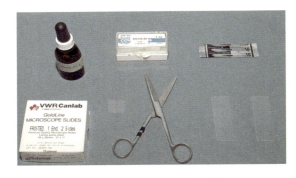

图 2-12　刮片所需的材料

【操作步骤】

（1）适当保定以维持宠物不动。

（2）将患处过长的毛发在执行刮片前以剪刀剪除。

（3）将手术刀片钝端用矿物油浸润，如图 2-13 所示。

（4）若怀疑是蠕形螨，先挤一下即将进行刮片的皮肤，如图 2-14 所示。

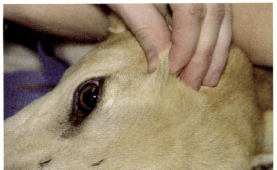

图 2-13　将手术刀片钝端用矿物油浸润　　　　图 2-14　刮片前可先挤一下皮肤

（5）以刀片钝端刮取皮肤，持续刮皮直到血清渗出、微血管渗血为止，如图 2-15 所示。

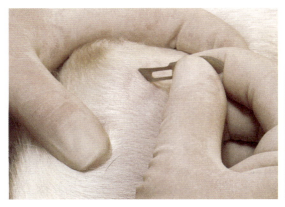
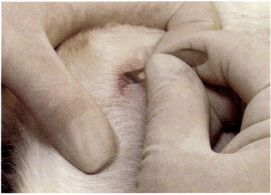

图 2-15　持续刮皮直到血清渗出、微血管渗血为止

（6）将刮下来的样本置于载玻片上的矿物油中，盖上盖玻片并进行镜检，如图2-16所示。

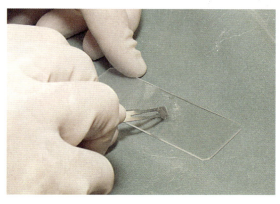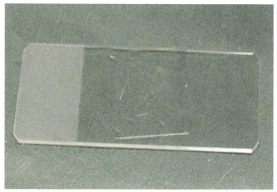

图2-16　将刮下来的样本置于载玻片的矿物油中，并盖上盖玻片

（7）结果

① 以刮片的方式寻找疥螨并不容易，应至少进行10次刮片检查，其他检测方法包括吸尘器真空吸引法，有时还会进行皮肤活检。

② 相对而言，要找到蠕形螨比较容易，通常刮5～6次就能找到。记得先搓一下皮肤。偶尔也会在正常犬中发现蠕形螨，但发现各种时期的蠕形螨（幼虫、蛹、成虫）才有临床意义，如图2-17所示。

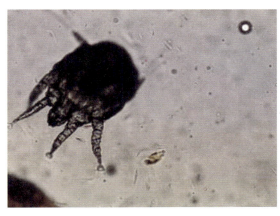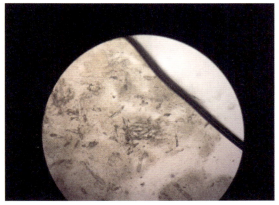

镜下的疥螨（400×）　　　　　　　　　　　镜下的蠕形螨（400×）

图2-17　镜检螨虫

【注意事项】

（1）刮片前尽可能挤压采样部位，并且要刮至轻微出血为止，随后染色镜检。

（2）对于螨虫来讲，刮片检测出螨虫的敏感度并不高，所以要进行多个部位及多个时间点的操作，以进行确诊。

任务记录与小结

认真并独立完成本次任务报告,见《任务工作手册》示例。

任务考核

教师按"任务考核单"(见《任务工作手册》)对学生任务完成情况进行考评。

项目三

头部检查

宠物头部的器官主要有眼、耳、鼻、舌、口等,且其相关疾病比较多见,临床检查主要有眼睛的可视黏膜及鼻泪管堵塞情况的检查,耳朵的耳郭及外耳道的检查,鼻腔分泌物及喉部诱导咳嗽的检查,口腔内牙齿、黏膜及舌的检查。

任务七 眼睛检查

犬猫眼睛在体温升高或感染后,往往发生眼睛及眼睑的红肿、分泌物增多等症状,如严重感染或创伤可引起角膜感染甚至导致失明,所以对于眼睛的系列检查在宠物临床上是非常有必要的。

任务目标

(1) 掌握眼睛及附属器官的解剖构造。
(2) 掌握眼结膜的颜色变化。
(3) 能利用荧光试纸对角膜破损及鼻泪管阻塞进行检查。
(4) 培养学生爱护小动物的意识,并提高其团队协作能力。

临床应用

(1) 犬猫抓挠眼睛或发红时。
(2) 角膜上看到不规则状或雾状物时。
(3) 眼睛有水样、黏液样或脓样分泌物时。

任务知识

一、视觉器官

视觉器官能感受光的刺激,经视神经传至中枢而引起视觉。视觉器官包括眼球和眼的附属器官。

1. 眼球

眼球位于眼眶内,后端有视神经与脑相连。眼球分眼球壁和眼内容物两部分。眼球壁自外向内依次为纤维膜(主要为致密结缔组织)、血管膜(为含大量血管和色素细胞的疏松结缔组织)、视网膜(为神经组织,是脑的外延部分)。眼内容物有晶状体、玻璃体和眼房水。角膜、眼房水、晶状体和玻璃体构成眼的屈光介质。

(1) 眼球壁

① 纤维膜 厚而坚韧，形成眼球的外壳，有保护内部柔软组织和维持眼球形状的作用。前部约1/5透明的是角膜，后部约4/5色白而不透明的是巩膜，如图3-1所示。

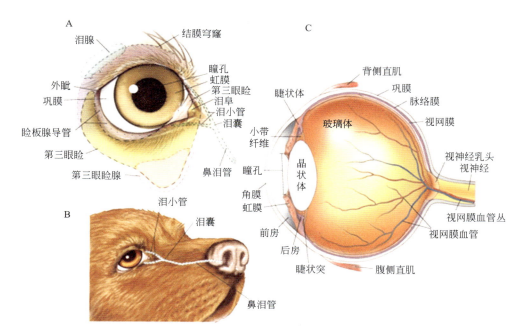

图3-1 眼部解剖（A—眼部和附属器官；B—鼻泪管；C—眼球）

（参考：Thomas O.Mccracken and Robert A.Kainer 小动物解剖彩色图谱，小尾巴宠物健康中心译制）

a.角膜 无色透明，形似凹凸透镜，是眼球的主要趋光介质。角膜内没有血管和淋巴管，依靠眼房水提供营养，依靠来自角膜表面泪液中的大气提供氧。但角膜分布有丰富的感觉神经末梢，所以感觉灵敏。

b.巩膜 色白，不透明，是不规则的致密结缔组织，由粗大的胶原纤维和少量弹性纤维交织而成，内有血管、色素细胞。角膜与巩膜相连处称角巩膜缘，其深面有静脉窦，是眼房水流出的通道。

② 血管膜 又称葡萄膜，位于眼球壁的中层，富含血管和色素细胞，有营养眼组织的作用，并形成暗的环境，有利于视网膜对光和色的感应。血管膜由前向后分为虹膜、睫状体和脉络膜三部分。

a.虹膜 位于角膜与晶状体之间，是一环形薄膜，中央为瞳孔，圆形或椭圆形。虹膜将眼房分为前房和后房，前房和后房内的房水借瞳孔相通。虹膜有虹膜基质，内含有色素细胞和血管的疏松结缔组织，不同宠物色素细胞中色素颗粒的形状、密度、分布位置不同，导致宠物虹膜颜色呈现红、黑、棕、灰等不同色泽；瞳孔括约肌呈环形，受眼神经的副交感纤维支配，收缩时使瞳孔缩小；在瞳孔括约肌外侧呈放射状排列的肌纤维称瞳孔开大肌，受颈前神经节的交感纤维支配，收缩时使瞳孔开大。

b.睫状体 位于虹膜与脉络膜之间，呈环状围于晶状体周围，形成睫状环，其表面有许多向内面突出并呈放射状排列的皱槽，称睫状突。睫状突与晶状体之间由纤细的晶状体悬韧带连接。在睫状体的外部有平滑肌构成的睫状肌，其受副交感神经支配，收缩时可拉伸睫状体，使晶状体悬韧带松弛，有调节视力的作用。

c.脉络膜 是薄而软的棕色膜，约在血管膜的后2/3部分，衬在巩膜内面，是富含血管和色素细胞的疏松结缔组织。脉络膜对光起反射作用，并可加强光刺激作用，有助于宠物在暗光下对外界的感应。

③ 视网膜 呈淡红色，动物死后呈灰白色。在视网膜中央区的腹外侧，有一白色圆盘形的隆起，称视乳头或视神经盘，是视神经突出眼球的地方，无感光作用，称为盲点。

（2）眼内容物 眼内容物包括眼房水、晶状体和玻璃体，三者均透明，与角膜一起组成眼的屈光系统。

① 眼房水 位于晶状体与角膜之间，被虹膜分为前房与后房。眼房水为无色透明液体，充满于眼房内，由睫状突和虹膜产生，渗入巩膜静脉丛而汇注于眼球的静脉。眼房水除供给角膜和晶状体营养外，还有维持眼内压的作用。若眼房水排出受阻，则眼内压增高，导致青光眼。

② 晶状体 呈双凸透镜状，透明而富有弹性，位于虹膜与玻璃体之间，主要为排列致密而整齐的晶状体纤维所构成。晶状体的外面包有一弹性囊。晶状体借晶状体悬韧带连接于睫状体。睫状肌的收缩与松弛可改变晶状体悬韧带对晶状体的拉力，从而改变晶状体的凸度，以调节焦距，使物体投影能聚集于视网膜上。

③ 玻璃体 是无色而透明的胶状物质，充满于晶状体与视网膜之间。

2.眼的附属器官

眼的附属器官包括眼睑、泪器、眼球肌和眶骨膜。

（1）眼睑 位于眼球前面，分为上、下眼睑。眼睑外面覆有皮肤，里面衬有眼结膜，眼结膜折转覆盖于巩膜前部，为球结膜。眼结膜与球结膜之间的裂隙为结膜囊。正常的结膜呈淡红色，在发生某些疾病时常发生变化，可作为诊断的依据。眼睑缘长有睫毛。

（2）泪器 包括泪腺和泪道。泪腺位于眼球的背外侧，有十余条导管，开口于上眼睑结膜囊内。泪腺分泌泪水，有湿润和清洁眼球表面的作用。泪道为泪水排出的管道，由泪小管、泪囊和鼻泪管组成，如图3-2所示。

（3）眼球肌 是一些使眼球灵活运动的横纹肌，在眼眶内包围于眼球和视神经周围，起于视神经孔周围的眼眶壁，止于眼球巩膜，共有四条直肌、两条斜肌和一条眼球退缩肌。

（4）眶骨膜 为一致密坚韧的纤维膜，

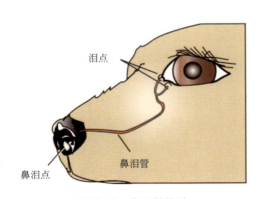

图3-2 鼻泪管构造

略呈圆锥形，包围于眼球、眼肌、神经、血管和泪腺等的周围。圆锥基附着于眶缘，锥顶附着于视神经附近。在眶骨膜内、外有许多脂肪，与眶骨膜共同起着保护的作用。

二、可视黏膜

可视黏膜是指用肉眼能看到或借助简单器械能观察到的黏膜，如眼结膜、口（鼻）腔黏膜、阴道黏膜等。临床上常以眼结膜或口腔黏膜的颜色代表可视黏膜的颜色。

检查眼时在自然光线下进行，因为红光下对黄色不易识别，检查时动作要快，且不宜反复进行，以免引起充血，可与其他部位的可视黏膜进行对照检查。

正常健康犬猫的眼结膜呈淡红色，猫比狗要深些。眼结膜颜色的变化可表现为：

（1）**苍白**　血液中血红蛋白减少，各可视黏膜都呈现苍白色，这是贫血的典型症状。发生较缓慢的，常因体内寄生虫病、贫血性疾病、慢性消耗性疾病及营养不良所引起；大量出血以后或内出血时，眼结膜马上变苍白色，而且皮温显著下降。

（2）**潮红**　是眼结膜下毛细血管充血的征象。如呈树枝状的血管性充血，见于脑充血及脑膜炎、肺炎、热性病初期以及心脏疾患所引起的循环障碍；如呈弥漫性的暗红色，见于高度呼吸困难、胃肠炎后期等。

（3）**发绀**　即可视黏膜呈紫蓝色、无光泽，也可表现在鼻内、唇内黏膜，是心力不足、大循环淤血、血内氧含量不足等病情严重的象征。可见于出血性败血症、创伤性心包炎、中毒病及引起心力衰竭和呼吸障碍的疾病等。

（4）**黄染**　可视黏膜呈黄色，多见于肝脏疾病及胆结石，也少量见于血液寄生虫病、十二指肠炎、磷中毒等。

（5）**出血**　可视黏膜上出现出血点或出血斑，是出血性素质的特征。在发生败血性疾病时较为常见。

三、荧光染剂

荧光染剂为水溶性，若分布在角膜上的泪膜中会呈现淡橘色。角膜上皮为亲脂性，能抵抗此水溶性染剂的穿透。若角膜上皮出现缺损（溃疡），染剂会快速扩散到角膜间质，并且在冲洗之后仍会留下染色痕迹，荧光染剂停留在角膜间质层的区域，即是角膜缺损的部位，如溃疡或者糜烂。

眼泪从眼睛流经的路径是从上、下泪点，经过连接在眼角内壁、位于上下眼睑角膜表面内侧的卵圆状开口，这些泪点有时会被色素环绕。眼泪流出是经由鼻泪点进入鼻泪管，并向下流进鼻子，由鼻子前方连接到翼状褶的附着边缘流出。当荧光染剂注入眼睛时，染色的眼泪应由泪点流入鼻泪管，造成同侧鼻孔出现染剂；若无法流出，可能为鼻内部鼻泪管阻塞、由于肿块压迫或因为细胞碎屑或肿胀造成的鼻泪点阻塞（较常见）。

任务实施

【材料准备】

犬、猫、荧光染色试纸（图3-3）、洗眼液、纱布、光源。

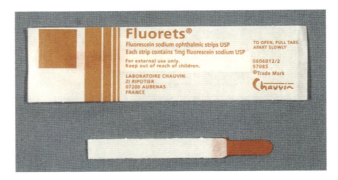

图 3-3 荧光染色试纸

【操作步骤】

（1）以合适的保定方式对犬猫头部进行控制。

（2）观察眼睑有无肿胀、外伤及眼分泌物的数量、性质。一般老龄、衰弱的犬猫有少量分泌物。如果从结膜囊中流出较多浆液性、黏液性或脓性分泌物，往往与侵害黏膜组织的热性病和局部炎症有关；眼结膜肿胀是由于炎症所引起的浆液性浸润和淤血性水肿所致，如图3-4所示。

图 3-4 眼结膜肿胀

可视黏膜检查

（3）观察是否有眼睑痉挛、羞明畏光、抓挠磨蹭眼部等症状。

（4）检查眼球的位置是否发生异常，是否出现眼球下陷、眼球突出或斜视。

（5）用两手拇指分别按在眼睑的上、下缘，分别观察上、下眼睑的结膜情况。毛细血管的完整性及其中的血液数量及性质，以及血液和淋巴液中胆色素的含量均可影响眼结膜的颜色。观察是否有潮红（可呈现单眼潮红、双眼潮红、弥漫性潮红及树枝状充血）、苍白、黄染、发绀及出血（出血点或出血斑）等变化，如图3-5所示。

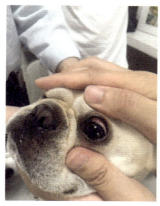
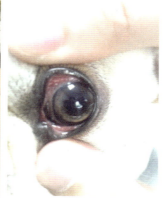

图 3-5　可视黏膜检查

（6）以数滴无菌洗眼液湿润荧光染色试纸末端，如图3-6所示。

（7）将眼睑向上拉起，并将湿润的荧光染色试纸末端接触球结膜2s，如图3-7所示。

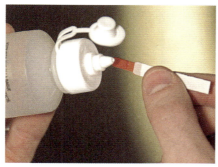

图 3-6　以数滴无菌洗眼液湿润　　图 3-7　将眼睑向上拉起，并将湿润的
　　　　荧光染色试纸末端　　　　　　　　　荧光染色试纸末端接触球结膜 2s

（8）移除试纸，并让患宠眨眼，使染剂分布均匀，如图3-8所示。

（9）以洗眼液冲洗眼睛，清除未附着的多余染剂，并且增加停留在角膜缺损上染剂的能见度，如图3-9所示。

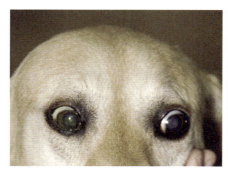
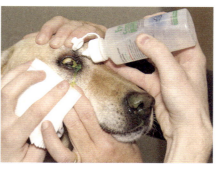

图 3-8　眨眼时染剂会分布在整个泪膜上　　图 3-9　以洗眼液冲洗眼睛，清除
　　　　　　　　　　　　　　　　　　　　　　　　　　未附着的多余染剂

（10）在稍暗的房间内检查角膜，使用前端附有紫外光或者钴蓝光过滤器的手持透照灯，以激发荧光分子呈现亮绿色，如图3-10所示。

（11）吸附在角膜上的染剂指示出上皮破损，表示角膜溃疡或糜烂，如图3-11所示。

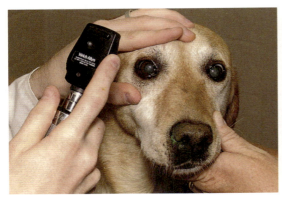

图3-10　检查角膜上的荧光染剂残留

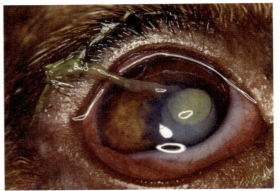

图3-11　吸附在角膜上的染剂指示出上皮破损，表示角膜溃疡或糜烂

（12）检查外鼻孔出现绿色染剂，表示鼻泪点与鼻泪管畅通，如图3-12所示。

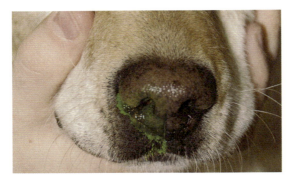

图3-12　外鼻孔出现绿色染剂，表示鼻泪点与鼻泪管畅通

【注意事项】

（1）眼睛检查时动作要快，且不宜反复进行，以免引起黏膜充血。

（2）在检查宠物眼睛时，多数犬猫不太配合，需要保定人员进行合适保定，以确保检查顺利完成。

任务记录与小结

认真并独立完成本次任务报告，见《任务工作手册》示例。

任务考核

教师按"任务考核单"（见《任务工作手册》）对学生任务完成情况进行考评。

任务八 耳朵检查

宠物耳朵由于有毛发的原因，应该经常进行清理。犬猫如果出现甩头、抓耳、耳有异味或分泌物、耳周围脱毛等症状，应进行完整的外耳检查，若不及时进行治疗，可出现中耳炎或耳聋、头倾斜或者共济失调的情况。

任务目标

（1）掌握犬猫外耳道的解剖构造民。
（2）能检查并评估外耳道的状态。
（3）培养学生的团队协作能力。

临床应用

（1）若情况允许，应将外耳检查列入常规理学检查的一部分。
（2）犬猫出现甩头、抓耳、耳有异味或分泌物、耳周围脱毛等症状。
（3）耳聋、头倾斜或者共济失调的宠物。

任务知识

耳朵分为外耳、中耳、内耳。外耳和中耳有收纳和传导声波的作用；内耳有听觉感受器、平衡感受器。

1. 外耳

外耳由耳郭、外耳道、鼓膜三部分构成。

（1）耳郭位于头部两侧，以软骨为基础，被覆皮肤。

（2）外耳道为一条长的垂直耳道，在末端会转弯约75°，形成短的水平耳道。外耳道由复层鳞状上皮排列而成，有皮脂腺与耵聍腺，正常会分泌耳垢。外耳道大多由软骨包围而成，而连接到鼓膜的垂直部耳道则由骨头支撑，如图3-13所示。

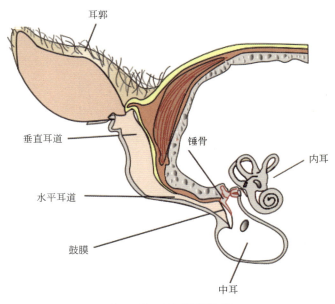

图 3-13 外耳解剖构造

（3）鼓膜，又称为耳膜，是一种薄而透明的片状构造，形成外耳道以及中耳的障壁，并且将声波由外耳传至中耳的听小骨。鼓膜由鼓膜环围绕并悬吊着。鼓膜能承受相当的张力，大、薄、透明至半透明的部分，称为紧张部。鼓膜中背侧至前背侧的小三角形，颜色呈透明粉红或白色，并含有网状小血管，此为柔软部。若耳朵发炎，此血管可能会水肿，并且形似一肿块。柔软部的血管对于鼓膜健康，以及鼓膜的表面上皮修复来说相当重要，如图3-14所示。

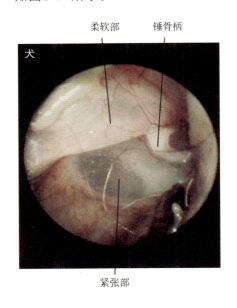

(a) 正常犬右耳鼓膜的解剖构造
（犬的鼻子向右）

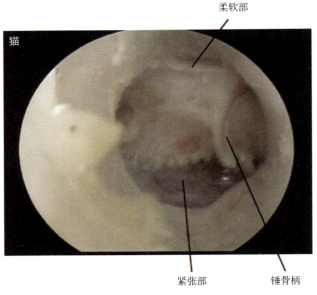

(b) 正常猫右耳鼓膜的解剖构造
（猫的鼻子向右）

图 3-14 犬猫鼓膜结构

2. 中耳

中耳由鼓室、听小骨、咽鼓管构成。

（1）鼓室是位于颞骨内的一个含气的腔隙，内面被覆有黏膜。

（2）听小骨位于骨室内，由锤骨、砧骨、镫骨构成。

将耳郭向内拉并形成正常鼓膜稍微向外鼓起的形状，锤骨柄就附着在鼓膜的纤维层。可以在紧张部看到条纹，由锤骨柄附着处延伸至周边。锤骨的方向朝背腹侧，在其游离端（腹侧）形成一条平缓的曲线或钩状；开放端形成倒C形指向宠物的鼻子。

（3）咽鼓管是连接鼓室与咽的管道。

3. 内耳

内耳位于颞骨内，由迷路、平衡感受器和听觉感受器构成。

迷路是曲折迂回的双层套管结构，分为骨迷路和膜迷路。

骨迷路为骨质迷路，构成迷路的外层；膜迷路为一层膜性管，构成迷路的内层。

在迷路内含有平衡感受器（前庭器）、听觉感受器（螺旋器）。

任务实施

【材料准备】

犬、猫、检耳镜以及大小适中的检耳镜锥（图3-15）、检查手套。

图3-15　检耳镜及检耳镜锥

【操作步骤】

（1）宠物应以站姿、坐姿、正趴或侧躺保定；必要时，可给予镇静或全身麻醉。

（2）检查耳郭内表面与外表面的皮肤是否有损伤、脱毛、红疹以及肿胀的情况发生，触诊耳软骨检查是否有钙化、肿瘤、疼痛或其他异常，如图3-16所示。

（3）在执行检耳镜检查耳朵之前，确认外耳道是否有红疹、流脓或散发异味。如图3-17所示。

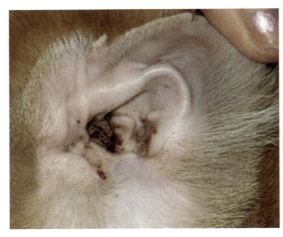

图 3-16　耳道及耳郭发现有蜱虫

（4）宠物呈站姿，检查时应将检耳镜放于外耳并与耳道垂直，同时拉起耳郭。

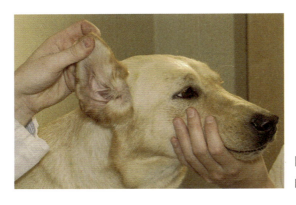

图 3-17　检查耳郭是否有任何发炎或是流渗出液的现象

（5）当检耳镜的尖端深入垂直部与水平部耳道的交界处时，检耳镜可缓慢旋转至水平方向，这样就可以看见水平耳道以及鼓膜。若患宠不合作或产生疼痛，则无法进行检查。

（6）将宠物镇静或麻醉并使其侧躺，这样就可以进行更多详细的耳检查。可拉起耳郭（拉向侧边），使弯曲的耳道变直，以利于检耳镜进入。

（7）结果：

① 耳道的评估包含观察是否存在狭窄、穿孔、溃疡、渗出液、异物、寄生虫、肿瘤以及过度耳垢或毛发堆积等情况。疑似病灶区也可执行活体组织检查。

② 当有耳渗出液时，应进行细胞学检查，使用无菌的检耳镜锥放进水平耳道部，并使其尖端接近垂直耳道部的交接处。由检耳镜锥插入棉花拭子，并且延伸超过检耳镜锥以采集样本，然后抽出拭子。

a. 寻找螨虫时，将检查耳拭子在滴有矿物油的载玻片上旋转，接着盖上盖玻片，并以低倍镜（40×～100×）观察。

b. 寻找细胞碎片、细菌以及真菌的拭子应在干净、干燥的载玻片上旋转。载玻片采用热固定并且染色，然后盖上盖玻片进行评估。镜检整体细胞碎屑时应用低倍镜

（40×～100×），镜检细菌及真菌时应用高倍镜（400×～1000×）。

【注意事项】

（1）在没有重度镇静或全身麻醉的情况下，仅有少数外耳道发炎的犬或猫愿意接受完整的耳道检查。

（2）检查外耳道时若患宠挣扎，可能会伤及鼓膜。

（3）当外耳道充满渗出液或碎屑时，进行完整的检查前，应该将耳道清理干净。以温食盐水或其他非清洁剂的无酒精溶液冲洗，冲洗实施前通常需要进行镇静或麻醉。

 任务记录与小结

认真并独立完成本次任务报告，见《任务工作手册》示例。

 任务考核

教师按"任务考核单"（见《任务工作手册》）对学生任务完成情况进行考评。

任务九 鼻喉检查

正常犬猫鼻镜部往往是湿润的且无鼻分泌物，如果出现鼻液或是咳嗽往往是病理性表现。对于鼻喉的临床检查主要采用视诊与触诊。

任务目标

（1）掌握犬猫正常鼻镜的状态。
（2）能辨别正常与异常的鼻液状态。
（3）能对犬猫进行人工诱咳。
（4）提高学生的团队协作能力。

临床应用

（1）犬鼻镜发干。
（2）鼻腔内有分泌物，如水样、脓样、血样等。
（3）不确定性咳嗽。

任务知识

一、解剖构造

1.犬

（1）**鼻** 鼻孔呈逗点状，鼻镜部无腺体，其分泌物来源于鼻腔内的鼻外侧腺。鼻腔宽广部接近鼻中隔，狭窄部向后外侧弯曲。鼻腔后部由一横行板隔成上、下两部，上部为嗅觉部，下部为呼吸部。嗅区黏膜富含嗅细胞，嗅觉极灵敏。

（2）**喉** 喉较短，喉口较大，声带大而隆凸。喉侧室较大，喉小囊较广阔，喉肌较发达。喉软骨中甲状软骨短而高，喉结发达，环状软骨极宽广，杓状软骨小。左、右杓状软骨间有小的杓状软骨。会厌软骨呈四边形，下部狭窄。

2.猫

（1）**鼻**　由中隔分成两部分，鼻甲和筛骨迷路充满了鼻腔。鼻中隔的前端有一条沟，将上唇分为两半。鼻黏膜内有大量的嗅细胞，嗅觉灵敏。

（2）**喉**　喉腔内有前、后两对皱褶，前面一对即前庭褶，较犬等动物宽松，又称假声带。空气进出时振动假声带，使猫不断地发出低沉的"呼噜呼噜"的声音；后面一对为声褶，与声韧带、声带肌共同构成真正的声带，是猫的发音器官。

二、鼻液

健康犬猫一般无鼻液，冬天寒冷时，有些可能有微量的浆液性鼻液，当有大量鼻液时，则为病理征象。检查鼻液时，应注意其分泌量、性状，一侧性或两侧性，有无混杂物及其性质。

1.鼻液的量

鼻液量的多少，取决于疾病的发展时期、程度、病变的性质和范围。

（1）**量多**　主要见于呼吸道广泛性炎症，如急性鼻炎、急性咽喉炎、肺脓肿破裂、肺坏疽、大叶性肺炎（溶解期）、流感、肺结核、犬瘟热等。大量鼻液主要是呼吸道黏膜充血、水肿、黏液分泌增多以及毛细血管通透性增高、浆液大量渗出所致。

（2）**量少**　见于慢性或局限性呼吸道炎症，如慢性鼻炎、慢性支气管炎、慢性鼻疽、慢性肺结核等。

（3）**量不定**　鼻液量时多时少，主要见于鼻旁窦炎和喉囊炎。其特征是，病宠低头或运动时，有大量鼻液流出，而当其自然站立时，仅有少量鼻液。另外也见于肺脓肿、肺坏疽和肺结核。

2.鼻液的性状

鼻液的性状，主要根据病变的性质和炎症的种类而定，一般分为浆液性、黏液性、脓性、腐败性和出血性鼻液。

（1）**浆液性鼻液**　鼻液无色透明，稀薄如水。主要见于畸形鼻卡他、马腺疫（初期）和流感等疾病。

（2）**黏液性鼻液**　呈蛋清样或粥状，有腥臭味，呈灰白色（因混有大量白细胞和脱落的上皮细胞），是卡他性炎症的特征。主要见于畸形上呼吸道感染和支气管炎等。不透明的黏性分泌物（但没有大量的炎性细胞）可在过敏性鼻炎的犬、慢性病毒性鼻窦炎的猫，以及有肿瘤（特别是鼻肿瘤）的犬猫中看到。

（3）**脓性鼻液**　黏稠浑浊，呈糊状、膏状或凝结成团状，具有脓臭味或恶臭味，是坏疽性炎症的特征。脓样分泌物中含有许多炎性细胞，通常大多为嗜中性粒细胞。脓样分泌物最常伴随出现于细菌以及真菌感染、异物性鼻炎、口鼻瘘管、齿根脓疡及淋巴浆细胞性鼻炎。

（4）**腐败性鼻液**　污秽不洁，带褐色，呈烂桃样或烂鱼肚样，具尸臭气味。

（5）出血性鼻液 可能因鼻内局部疾病或全身性疾病造成血样分泌物（流鼻血）。造成流鼻血的原因包括鼻创伤、鼻吸入异物、肿瘤、淋巴浆细胞性鼻炎、真菌性疾病及牙根周围脓疮。在没有任何既往病史的情况下发生流鼻血，或者理学检查没有发现明显的鼻分泌物或阻塞时，应进行全身性的完整检查。严重的血小板缺乏症（<30000/μL）、凝血障碍性疾病、血管炎以及高血压等会降低血小板功能，这些都是造成流鼻血的常见原因。

此外，应注意出血的特征（鼻出血颜色鲜红呈滴或线状；肺出血鲜红，含有小气泡；胃出血暗红，含有食物残渣）、出血量、出血时间及单双侧性。

三、咳嗽

咳嗽是一种保护性反射活动，能将呼吸道异物或分泌物排出体外，同时也是病理状态的表现。当呼吸系统（咽、喉、气管、支气管、肺和胸膜等）受到炎症、温热、机械和化学的刺激，主要是喉、气管、支气管等部位的黏膜受到刺激时，使呼吸中枢兴奋，在深吸气后声门关闭，继而突然剧烈呼气，气流猛烈冲开声门，形成一种爆发声，即为咳嗽。

当宠物一时不出现咳嗽时，可用人工诱咳法进行检查。触摸正常宠物的气管时，宠物也会咳嗽一到两次；若宠物的气管不适，可能会反复地咳嗽。气管、支气管或者肺实质疾病，任何会对气管或支气管造成刺激或压迫的疾病，以及所有会造成渗出物进到呼吸道而造成咳嗽的疾病，皆会增加气管的敏感程度。仔细观察，若发现宠物在咳嗽之后有吞咽的动作，表示咳嗽带痰。有呼吸道或者肺脏疾病的犬猫可见到咳嗽带痰。

1.咳嗽性质

（1）干咳 特征为咳嗽的声音清脆、干而短，疼痛较明显，表示呼吸道内无分泌物或仅有少量黏稠的分泌物。典型的干咳见于喉、气管异物和胸膜炎。在发生急性喉炎（初期）、慢性支气管炎、肺结核、肺棘球蚴病等时也可出现干咳。

（2）湿咳 特征为咳嗽的声音钝浊、湿而长，表示呼吸道内有大量稀薄的分泌物，往往随咳嗽从鼻孔流出多量鼻液。见于咽喉炎、支气管炎、支气管肺炎、肺脓肿和肺坏疽等。

2.咳嗽频度

（1）单发性咳嗽 也叫稀咳，骤然发咳，仅一两声，表示呼吸道内有异物或分泌物（痰）。见于感冒、慢性支气管炎、肺结核、肺丝虫病等。

（2）连续性咳嗽 也叫连咳，咳嗽频繁，严重时呈痉挛性咳嗽。见于急性喉炎、传染性上呼吸道卡他、弥漫性支气管炎、支气管肺炎等。

（3）发作性咳嗽 也叫痉挛性咳嗽，具有突发性和爆发性，咳嗽剧烈而痛苦，且连续发作。见于呼吸道受到强烈刺激（如呼吸道异物）、慢性支气管炎和肺坏疽等。

3.咳嗽强度

咳嗽的强度视肺的弹性、呼气的强度和速度而定，也与发病的部位和病变的性质有关。当肺组织的弹性正常，而喉、气管患病时，则咳嗽强而有力；当肺组织有浸润、毛细支气管有炎症或肺泡气肿而弹性降低时，则咳嗽低弱或嘶哑，称为哑咳。见于细支气管炎、支气管肺炎、肺气肿等。

4.痛咳

咳嗽时伴有疼痛或痛苦症状，称有痛咳。特征为病宠头颈伸直，摇头不安，前肢刨地，且有呻吟和惊慌现象。见于呼吸道异物、异物性肺炎、急性喉炎、胸膜炎、膈肌炎、心包炎等。

任务实施

【材料准备】

犬、猫、检查手套。

【操作步骤】

（1）使犬猫站立保定在诊疗台上。

（2）检查鼻镜的湿润程度、鼻孔是否有任何异常分泌物，如图3-18所示。

(a) 检查鼻孔是否有任何异常分泌物　　　　(b) 患有鼻肿瘤的老龄猫，双侧出现脓性鼻分泌物

图 3-18　鼻部的检查

（3）确认鼻分泌物为单侧或双侧。局部性疾病（如吸入异物、齿脓疡或者口鼻瘘管）有可能只产生单侧分泌物；进行性的疾病（如真菌性鼻炎）与肿瘤起初可能为单侧，之后会发展为双侧。全身性或弥漫性的疾病（如过敏性鼻炎以及淋巴浆细胞性鼻炎）通常会产生双侧分泌物。

（4）观察鼻分泌物为浆液性、黏液性、黏脓性还是出血性的，如图3-19所示。

(a) 感染慢性疱疹病毒,并且伴有继发性细菌性鼻窦炎的猫出现脓样鼻分泌物

(b) 患有鼻疽的犬出现流鼻血症状

图 3-19　鼻分泌物的检查

（5）检查鼻孔有无糜烂的状况,外鼻孔周围的糜烂,通常是由能产生炎性分泌物的慢性疾病引起的,特别是真菌性鼻炎,如图3-20所示。

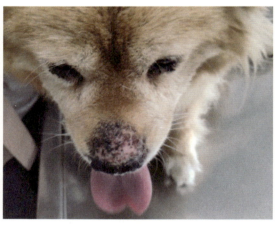

(a) 感染鼻疽的犬,鼻孔周围糜烂且脱色

(b) 感染鼻疽的犬,整个鼻平面糜烂且脱色

图 3-20　鼻孔周围糜烂状况的检查

（6）分别评估两侧的鼻腔气流。当一侧鼻孔阻塞时,触诊另一侧鼻孔来评估气流,通过观察小棉球随气流的移动,或观察呼出的暖空气因冷却而液化在玻片上的情况来评估。鼻腔气流完全受阻最有可能是肿瘤造成的。

（7）检查脸部是否变形,鼻肿瘤是造成犬脸变形最有可能的原因,猫则是由于鼻子感染隐球菌。当脸部变形时,骨结构的完整性丧失,因此直接从变形区域以细针抽取进行细胞评估,通常能有助于诊断,如图3-21所示。

（8）触诊喉头、颈部气管以及胸部外形是否对称,是否有肿块或肿大。若是青年猫,试着在心脏前方按压前胸部:若是正常的青年猫,此区域会非常柔软;患有前纵隔淋巴瘤的青年猫,无法按压此部位,该处可能会有肿大。

（9）尝试以触摸气管诱发咳嗽。一只手扶在动物的颈部，另一只手轻轻捏压动物的喉头或气管的第一、二环状软骨，健康犬猫一般不发生咳嗽或仅发生一两声咳嗽，如连续咳嗽，则为病态，如图3-22所示。

人工诱咳

图3-21 脸部明显变形的猫

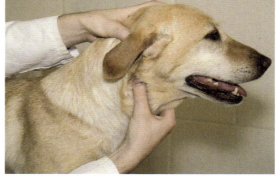

图3-22 触摸气管诱发咳嗽

 任务记录与小结

认真并独立完成本次任务报告，见《任务工作手册》示例。

 任务考核

教师按"任务考核单"（见《任务工作手册》）对学生任务完成情况进行考评。

口腔检查

一般多用视诊、触诊和嗅诊的方法进行检查。

任务目标

（1）掌握犬猫牙齿的数量与分布。
（2）能进行口腔的评估。
（3）提高学生的团队协作能力。

临床应用

（1）口臭。
（2）呕吐。
（3）口腔检查应列为理学检查的一项。

任务知识

一、犬

1. 口腔

口裂大；唇薄而灵活，有触毛；下唇常松弛；上唇与鼻端间形成光滑湿润的暗褐色无毛区，称为鼻镜；颊部松弛，颊黏膜光滑并常有色素；硬腭前部有切齿乳头，软腭较厚。

2. 舌

呈长条状，前部薄而灵活，后部厚，有明显的舌背正中沟。

3. 牙齿

犬的牙齿尖而锋利，第4上臼齿与第1下后臼齿特别发达，称为裂齿，具有强有力的撕裂食物的能力；犬齿大而尖锐，并弯曲成圆锥形，上犬齿与隅齿间有明显的间隙，正好容受闭嘴时的下犬齿。

二、猫

1. 口腔

猫的口腔较窄，上唇中央有一条深沟直至鼻中隔，沟内有一系带连着上颌。下唇中央也有一系带连着下颌。上唇两侧有长的触毛，是猫特殊的感觉器官，其长度与身体的宽度一致。

2. 舌

薄而灵活，中间有一条纵向浅沟，表面有许多粗糙的乳头，尖端向后，主要分布在舌中部。乳头非常坚固，似锉刀样，可舔食附着在骨上的肌肉。

3. 牙齿

猫的牙齿齿冠很尖锐，特别是前臼齿，其齿磨面上有四个齿尖，有撕裂食物的作用。其中上颌第2和下颌第1前臼齿齿尖较大而尖锐，可撕裂猎物皮肉，又称裂齿。猫的牙齿没有磨碎功能，因此对付骨类食物较困难，它只能将食物切割成小碎块。

三、犬猫牙齿数量和种类

犬猫的牙齿和人类一样，也分为乳齿和恒齿。犬的乳牙共28颗，换牙后的恒齿42颗；猫的乳牙共26颗，恒齿30颗。

犬猫的牙齿类型一共有4种，即切齿、犬齿、前臼齿和臼齿。

1. 切齿

切齿是两个犬齿之间的牙齿，上齿弓左、右各有3颗，下齿弓左、右各3颗。犬猫均各有12颗切齿。

2. 犬齿

犬齿是位于切齿后侧的单个根齿，主要作用为撕咬，犬猫均有4颗，左右、上下各1颗。

3. 前臼齿

前臼齿位于犬齿之后。成年犬正常上齿弓左、右各有4颗前臼齿，下齿弓左、右各有4颗前臼齿，总计16颗；成年猫正常上齿弓左、右各有3颗前臼齿，下齿弓左、右各2颗前臼齿，总计10颗。

4. 臼齿

臼齿位于前臼齿后面。犬和猫的乳牙均没有臼齿，只有换牙后长出恒齿时才有。成年犬上齿弓左、右各有2颗臼齿，下齿弓左、右各有3颗臼齿，总计10颗；成年猫上齿弓左、右各有1颗臼齿，下齿弓左、右各有1颗臼齿，总计4颗。

任务实施

【材料准备】

犬、猫、检查手套、笔灯（图3-23）。

【操作步骤】

（1）以站立姿势或坐姿保定病犬于桌上。

图3-23　口腔检查所用的笔灯

（2）拉起嘴唇以观察牙齿与牙龈。找寻松动的断裂的牙齿及过多的牙结石，同时找寻口腔肿瘤，如图3-24所示。若对象是幼犬或幼猫，还需评估咬合、找寻乳牙残留或腭裂。

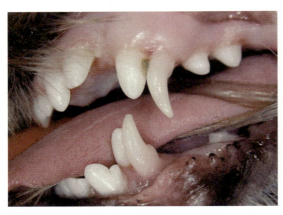　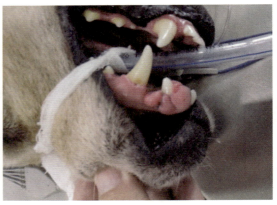

(a) 梗犬的犬齿有乳齿残留　　　　　　(b) 拉布拉多犬的牙龈有肿瘤（牙龈瘤）

图3-24　牙齿的检查

（3）检查牙龈及颊黏膜，是否有贫血（苍白）、黄疸（黄染）或点状出血的情形，如图3-25所示。

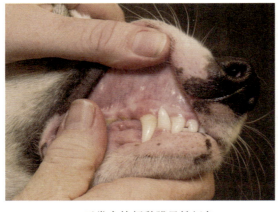　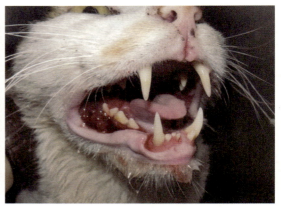

(a) 正常犬的颊黏膜呈粉红色　　　　　　(b) 口炎导致的出血

图3-25　牙龈黏膜的检查

（4）检查扁桃体的颜色、大小以及是否有分泌物，并确认是否有异物或肿瘤。若犬已经被镇静，可以探测扁桃体隐窝、触诊硬腭，以及检查舌下唾液腺，如图3-26所示。

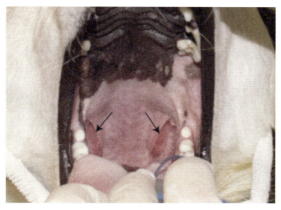 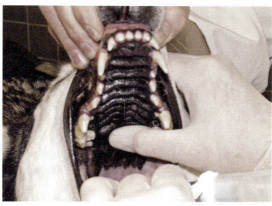

(a) 检查扁桃体及咽喉　　　　　　　　　　　　(b) 触诊硬腭

图 3-26　口腔内扁桃体检查

（5）检查犬的舌头有无溃疡、烧烫伤或肿瘤。拉起犬的舌头以观察舌韧带，并排除丝线异物包裹在舌头基部周围，如图3-27所示。

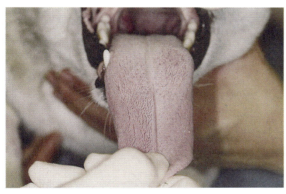 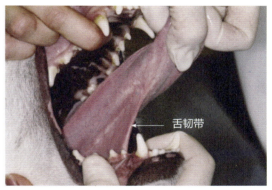

(a) 检查正常犬的舌头有无溃疡、烧烫伤或肿瘤　　　　(b) 拉起犬的舌头以观察舌韧带

图 3-27　犬舌头的检查

（6）检查猫的舌头有无溃疡、烧烫伤或肿瘤。拉起猫的舌头以观察舌韧带，并排除丝线异物包裹在舌头基部周围。正常猫会用舌头来理毛，其表面布满坚硬的脊（乳突），如图3-28所示。

（7）当在猫的口腔中发现丝线异物时，检查猫的舌头下方：

① 保定头部并以拇指从下颌往上推。
② 打开猫的嘴巴，将舌头往上翻，以露出舌韧带。
③ 为排除口腔内的丝线异物，所观察到的舌韧带应呈直线、连续性的膜状物。
④ 对某些猫而言，最好以棉花拭子来移动舌头，如图3-29所示。

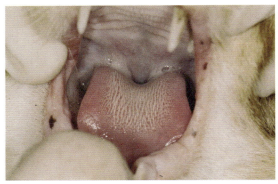 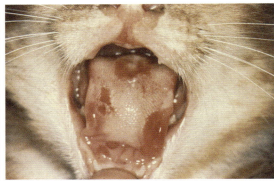

(a) 正常猫的舌头　　　　　　　(b) 由杯状病毒感染引起的舌头溃疡

图 3-28　猫舌头的检查

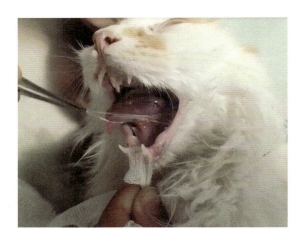

图 3-29　一岁龄猫，有三天呕吐病史，在舌下方发现丝线异物

（8）微血管回血时间（CRT）可由手指压住口腔黏膜使其变白，测量其恢复正常颜色的时间来评估。CRT 延长（>2s）可能表示心输出量减少或者脱水，如图 3-30 所示。

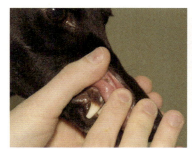 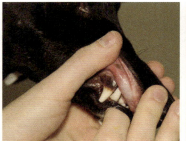 

图 3-30　测量口腔黏膜恢复正常颜色所需的时间

【注意事项】

（1）在进行口腔检查时，需要注意自身安全。
（2）在猫口腔里的丝线异物较多，需要特别注意观察，仔细检查。

任务记录与小结

认真并独立完成本次任务报告,见《任务工作手册》示例。

 任务考核

教师按"任务考核单"(见《任务工作手册》)对学生任务完成情况进行考评。

项目四

胸腔检查

宠物胸腔检查主要包括对心脏与肺脏的检查。呼吸性疾病与心血管疾病在犬猫常见疾病中种类较多,且发病较急,如果不能及时救治会出现不可预期的后果,所以对于胸腔的检查就至关重要。在宠物临床上,主要通过触诊与听诊的方式对胸腔进行检查。

任务十一 心脏检查

心脏是维持生命活动的重要器官，它主要参与机体的血液循环，因此与其他系统关系极为密切。心脏检查，一般应用触诊和听诊的方法进行，必要时可选用心电图、心音图和动脉压、静脉压测定。

任务目标

（1）掌握正常心音与正常心率。
（2）能辨别出正常与异常心音。
（3）培养学生热爱动物的意识。

临床应用

（1）心源性原因引起的呼吸困难。
（2）老年犬猫体检。
（3）在手术（或麻醉）中对于心脏的监护。
（4）应将心脏听诊列入常规理学检查的一部分。

任务知识

一、心脏的触诊

1. 正常心搏动

心脏触诊主要是检查心搏动强度、频率及其敏感性。心搏动亢进时，触诊心区部亦可。心搏动是心室收缩时心尖冲击左侧心区的胸壁而引起的振动。犬猫心区触诊最适宜的部位在左侧第4～6肋间。

正常情况下，心搏动的强弱决定于心脏的收缩力量、胸壁厚度及胸壁与心脏之间介质的状态。健康宠物由于营养状况不同、胸壁厚度不同，其搏动强度也不同。如过肥的宠物因胸壁厚而心搏动较弱；营养不良而消瘦的宠物，因胸壁较薄而心搏动较强。此外，运动后、外界温度高、兴奋或受惊时心搏动也增强。

2.病理性心搏动

病理性心搏动常见于以下几种情况：

（1）**心搏动增强**　即心肌收缩力强，振动面积大。见于热性病（初期）、剧痛性疾病、轻度贫血、心肥大（如心肌炎、心内膜炎、心包炎的初期）。心搏动过度增强而引起的体壁振动称为心悸。强而明显的心悸称为心悸亢进，应注意与膈肌痉挛区别。心悸亢进时病宠腹胁部跳动与心搏动一致，而且心搏动明显增强；膈肌痉挛时，腹胁部跳动与呼吸一致，并伴有呼吸活动紊乱，同时心搏动不增强。

（2）**心搏动减弱**　即心肌收缩无力，振动微弱，严重的甚至弱不感手。见于心脏衰弱、病理性胸壁肥厚（纤维素性胸膜炎、胸壁结核）、胸腔积液（渗出性胸膜炎、渗出性心包炎、胸腔积水、心包积水）及肺气肿。

（3）**心搏动移位**　向前移位，见于胃扩张、腹水、膈疝；向右移位，见于左侧胸腔积液；向后移位，见于气胸、肺气肿。

（4）**心区压痛**　即触诊心区部有疼痛反应，宠物表现为对触压反应敏感，强压时则回顾、躲避、呻吟等，见于心包炎、创伤性心包炎及胸膜炎等。

二、心脏听诊

心脏听诊是检查心脏最重要的方法之一，因为心脏听诊不仅可检查出心脏本身的疾病，而且可判定疾病的预后。因此，任何疾病经过中，都应进行心脏的听诊。心脏听诊的目的在于确定心音性质、频率、节律及有无心脏杂音等。听诊时注意听诊器要紧贴听诊部皮肤并最好是在安静的室内进行，如图4-1所示。

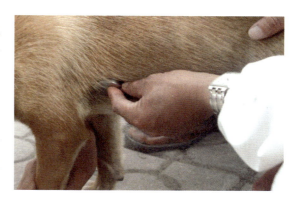

图4-1　心音听诊

1.正常心音

心音是心室收缩与舒张活动所产生的声响。心脏功能正常时，在心脏部听诊，可听到两个有节律的类似"嗵—嗒、嗵—嗒"的交替出现的声响，如表4-1所示。前者为第一心音，后者为第二心音。

（1）**第一心音**　特点是音调低、持续时间长、尾音也长，但到第二心音发生时间间隔较短。第一心音是由心肌收缩音、两房室瓣同时闭锁音及心室驱出的血液冲击动脉管壁的声音混合而成，因发生于心缩期，故称为缩期心音。其出现与心搏动及脉搏一致。

（2）**第二心音**　特点是音调高、响亮而短、尾音消失快，到下一次第一心音时间间隔较长。第二心音是由于心室舒张时，两动脉瓣同时闭锁音、两房室瓣同时伸张音及心肌舒张音混合而成，因发生于心舒期，故称舒期心音。其出现与心搏动及脉搏不一致。

表4-1 第一心音和第二心音的特点

音类	音性	产生部位	音调	持续时间	尾音	产生时间	两音间隔	与心搏动
第一心音	嗵	心尖部	低浊	长	长	心脏收缩	1-2 心音短	同时
第二心音	嗒	心基部	响亮	短	消失快	心脏舒张	2-1 心音长	不同时

在正常情况下，两心音不难区别，但在心跳增速时，两心音的间隔几乎相等，则不易区别。这时可一边听心音，一边触诊心搏动，与心搏动同时出现的心音是第一心音，与心搏动不一致的心音是第二心音。

2. 心音最强（佳）听取点

在心脏部任何一点，都可以听到两个心音，但由于心音沿血液方向传导，因此只能在一定部位听诊才听得最清楚。临床上把心音听得最清楚的部位，称为心音最强（佳）听取点，犬猫的心音最强（佳）听取点为左侧第4～5肋间（第一心音）与右侧第3～4肋间（第二心音），如4-2图所示。

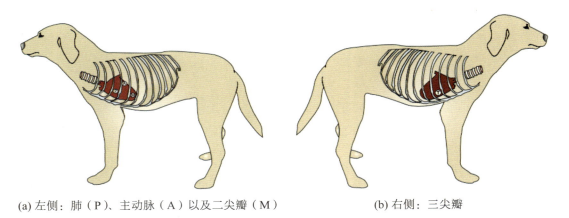

(a) 左侧：肺（P）、主动脉（A）以及二尖瓣（M）　　(b) 右侧：三尖瓣

图4-2　心脏听诊区域

3. 病理性心音

病理性心音主要有心音增强和减弱，心音分裂与重复，心脏杂音和心律不齐。

（1）心音增强和减弱　正常情况下，听诊心脏时，第一心音在心尖部（第四或第五肋间下方）较强，第二心音在心基部（第四肋间肩关节水平线下方）较强。因此，判定心音增强或减弱，必须在心尖部和心基部比较听诊，两处心音都增强或都减弱时，才能认为是增强或减弱。心音强弱决定于心音本身的强度（心肌的收缩力量、瓣膜状态及血液量）及其向外传递介质的状态（胸壁厚度、胸膜腔及心包腔的状态）。第一心音的强弱，主要决定于心室的收缩力量；第二心音的强弱，则主要决定于动脉根部血压。

临床上应注意的是，营养良好、胸廓丰满、胸壁肥厚的宠物，两心音都相对较弱；消瘦的宠物，胸壁薄、胸廓狭窄，则两心音相对较强，所以应具体问题具体分析。

① 两心音同时增强　是由于心肌收缩力增强，血液在心脏收缩和舒张时冲击瓣膜的

力量同时增强所致。见于心肥大、热性病（初期）、剧痛性疾病、轻度贫血或失血及肺萎缩等。

② 第一心音增强　是由于心肌收缩力增强与瓣膜紧张度增高所引起。临床上表现多是第一心音相对增强，第二心音相对减弱，甚至难以听取。主要见于贫血、热性病及心脏衰弱的初期。当大失血、剧烈腹泻、休克及虚脱时，由于循环血量少、动脉根部血压低而第二心音往往消失。

③ 第二心音增强　亦多相对增强，是由于动脉根部血压升高引起，故与心舒张时半月瓣迅速而紧张地关闭有关。主动脉口第二心音增强，见于心肥大、肾炎；肺动脉口第二心音增强，见于肺充血、肺炎等。

④ 第一心音减弱　多为相对减弱。单纯的第一心音减弱，临床上几乎未见到，但在心扩张及心肌炎后期可见到。

⑤ 第二心音减弱（甚至消失）　临床上最常见。主要是由于每次压出的血量减少，心舒张时血液回击动脉瓣的力量微弱所致，是动脉根部血压显著降低的标志。见于贫血、心脏衰弱。第二心音消失时，见于大失血、高度的心力衰竭、休克及虚脱，多预后不良。

⑥ 两心音同时减弱　是心肌收缩无力的表现，常见于心脏衰弱（后期）、心肌炎、心肌变性、重症贫血、渗出性胸膜炎、渗出性心包炎及重症肺气肿等。

⑦ 心音混浊　即心音低浊或含混不清。是由于心肌变性所引起，见于重症营养不良、重症贫血、心肌炎（后期）及高热疾病等。

（2）**心音分裂与重复**　第一心音或第二心音分为两个音色相同的声响，两个声响之间间隔较短的称为分裂，间隔较长的称为重复。二者在临床诊断上意义相同，仅程度不同而已。这主要是由于心脏功能障碍或神经支配异常，两心室不同时收缩和舒张所引起。

① 第一心音分裂或重复　是左、右心室收缩有先有后，或有长有短，左、右房室瓣膜不同时闭锁的结果，见于一侧心室衰弱或肥大及一侧房室束传导受阻时。

② 第二心音分裂或重复　是两心室驱血期有长有短，主动脉瓣与肺动脉瓣不同时闭锁的结果。见于主动脉或肺动脉血压升高的疾病及二尖瓣口狭窄等。如左房室口狭窄时，左心室血量减少，主动脉血压降低，则左心室驱血期短，主动脉瓣先期闭锁；肺部淤血时，肺动脉压升高，则右心室驱血期延长，肺动脉瓣闭锁较晚，出现第二心音分裂或重复；发生肾炎时，因主动脉压升高也会出现第二心音分裂或重复。

（3）**心脏杂音**　当听诊心脏时，除能听到第一、第二心音外，有时还能听到夹杂有其他声响，这些声响称为心脏杂音。按其发生部位不同，有心内杂音和心外杂音之分。

① 心内杂音　临床上多是由心内瓣膜及其相应的瓣膜口发生形态改变或血液性质发生变化引起，常伴随于第一或第二心音之后或同时产生的异常声响，称为心内杂音。其特点是杂音从远及近；其音性如笛声、"吱吱"声、"咝咝"声、"嗡嗡"声、飞箭声或风吹声。按瓣膜或瓣膜口有无形态改变，可将心内杂音分为器质性心内杂音和非器质性心内杂音（功能性杂音）。

a. 器质性心内杂音　慢性心内膜炎的后果，常引起某一瓣膜或瓣孔周围组织增生、肥厚及粘连，瓣膜缺损或腱索短缩，这些形态学的病变统称为慢性心脏瓣膜病。慢性心脏瓣膜病的类型虽多，但可概括地分为瓣膜闭锁不全及瓣膜口狭窄。

i.瓣膜闭锁不全　在心室收缩或舒张过程中，由于瓣膜不能完全将其相应的瓣膜口关闭而留有空隙，致使血液经病理性的空隙而逆流形成旋涡，振动瓣膜产生杂音。此杂音可出现于心室收缩期或舒张期。如左、右房室瓣闭锁不全，杂音出现于心缩期，称缩期杂音；主动脉与肺动脉的半月瓣闭锁不全，则杂音出现于心舒期，称舒期杂音。

ii.瓣膜口狭窄　在心脏活动过程中，血液流经狭窄的瓣膜口时，形成旋涡，发生振动，产生杂音。此杂音可出现于心收缩期或心舒张期。如左、右房室口狭窄，杂音出现于心舒张期；主动脉、肺动脉口狭窄，则杂音出现于心收缩期。

显然，为推断心内膜病变部位及类型，应特别注意杂音出现时间及最强（佳）听取点。杂音出现的时间，取决于血流经过病变空隙的时间。而杂音的最强（佳）听取点，与相应的瓣膜口音最强（佳）听取点是一致的，并顺血流方向沿脉管传导。单一瓣膜或瓣膜口病变所发生的杂音比较容易诊断，但是同一瓣膜及瓣膜口同时发病，或两个以上的瓣膜及瓣膜口发生联合病变时所引起的杂音就比较复杂。

器质性心内杂音强度取决于狭窄及闭锁不全的程度，中度狭窄或闭锁不全时最明显，因为轻度和极度狭窄或闭锁不全，不足以引起明显的杂音。另外还取决于心脏收缩力的大小，通过病变部的血流速度越快，杂音越明显；相反，血流速度越慢，则杂音越微弱。因此，杂音的明显与否并不代表病变程度的轻重。

b.非器质性杂音（机能性杂音）　非器质性杂音的发生，有两种情况：一种是瓣膜和瓣膜口无形态变化，当心室扩张或心肌弛缓时，造成瓣膜相对闭锁不全而产生杂音；另一种是当血液性质变为稀薄时，血流速度加快，振动瓣膜口和瓣膜引起所谓的贫血性杂音。

非器质性心内杂音的特点是杂音不稳定，仅出现于心缩期，杂音柔和如风吹声；运动及给予强心剂后杂音消失；饲养、管理条件改善或病情好转时杂音消失。多见于心扩张、营养性贫血、传染性贫血及焦虫病等。

心内杂音临床上较多见，如仅出现杂音而无其他心脏衰弱症状，使役能力也不降低，就不能认为是病理现象；如出现全身淤血、浮肿、易疲劳出汗，则是病理表现。

② 心外杂音　心外杂音是由心包或靠近心区的胸膜发生病变引起。按杂音性质分为心包拍水音和心包摩擦音。

a.心包拍水音　是心包发生腐败性炎症时，由于心包内积聚多量液体与气体，当心脏活动时所产生的一种类似振动半瓶水的声音或河水击打河岸的声音。见于渗出性心包炎和心包积水。

b.心包摩擦音　是心包发炎的特征。由于心包发炎，纤维蛋白沉着于心包，使心包两叶变粗糙，当心脏活动时，粗糙的心包两叶互相摩擦产生杂音。其音如两层粗糙的皮革相互摩擦，其特点是杂音与心跳一致，常呈局限性，但在心尖部明显，心脏收缩期及舒张期均可听到，收缩期明显，主要见于纤维素性心包炎及创伤性心包炎。

心包胸膜摩擦音，是胸膜发生纤维素性胸膜炎时，当心脏活动时，心包与粗糙的胸膜面发生摩擦所产生的声响。此音与呼吸运动同时发生，呼吸运动停止时，即减弱或消失。

心包胸膜摩擦音，除心区部能听到外，肺区各部也有出现。

心外杂音的特点是杂音似来自耳下，仅限于局部听到，加压听诊器其音增强，杂音与心跳一致，杂音比较固定，且可长时间存在。

（4）心律不齐　正常情况下，每次心音的间隔时间相等、强弱一致。若每次心音的间隔时间不等、强弱不一致，则称为心律不齐。

犬心音测量

心律不齐多为心肌的兴奋性改变或其传导功能障碍的结果，并与自主神经的兴奋性有关。轻度的、短期的、一时性的心律不齐，一般无重要诊断意义；重症的、顽固性的心律不齐，多是由于心肌损伤引起。常见于心肌炎、心肌变性、心肌硬化等。造成心肌损害的这些变化，可由于营养代谢紊乱（如幼宠白肌病）、贫血、长期发热或中毒所引起；发生某些传染病时，由于心肌受细菌、病毒的侵害而常有不同程度的损伤，也表现明显的心律不齐。病宠表现有心律不齐的同时，并伴有心血管系统的明显改变及整体状态变化，则是病理表现。

 任务实施

【材料准备】

犬、猫、听诊器、检查手套。

【操作步骤】

（1）对于犬猫进行合适的站立保定。

（2）检查者站在犬猫左侧，右手放于肩胛部或背部，左手掌平放于肘后上方2～3cm处即可感知其心搏动。

（3）检查者戴好听诊器，并于犬猫左侧腋窝下找到心音最强（佳）听取点进行听取。同时另一手触诊两侧股动脉评估心率与脉搏的一致性。心脏收缩时发生脱落的心跳或脉搏短促，与触诊股动脉脉搏时不相符，通常代表心律不齐，如图4-3所示。

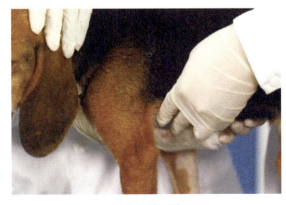
（a）心脏听诊

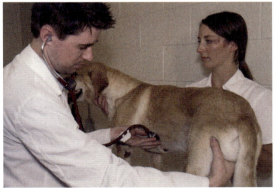
（b）听诊心脏并同时触诊股动脉脉搏，检测心律不齐以及脉搏短促

图4-3　心脏听诊

【注意事项】

（1）听诊需在安静的房间中进行，并使犬猫保持平静以免干扰听诊结果。

（2）将犬猫嘴部闭合一小段时间可以减少上呼吸道噪声。

 任务记录与小结

认真并独立完成本次任务报告，见《任务工作手册》示例。

 任务考核

教师按"任务考核单"（见《任务工作手册》）对学生任务完成情况进行考评。

肺脏听诊

听诊是检查肺和胸膜的一种主要而且可靠的方法。听诊的目的在于查明支气管、肺和胸膜的功能状态，确定呼吸音的强度、性质。所以肺脏听诊对于呼吸器官疾病，特别是对于支气管、肺和胸膜疾病的诊断具有重要的意义。

 任务目标

（1）掌握正常呼吸方式与正常呼吸速率。
（2）能辨别出正常与异常呼吸音。
（3）培养学生爱护宠物的意识。

 临床应用

（1）评估患宠的呼吸困难症状、咳嗽、打喷嚏、呼吸音嘈杂、运动不耐或活力不佳。
（2）老年犬猫体检。
（3）手术（麻醉）对于心脏的监护。
（4）应将肺脏听诊作为常规理学检查的一部分。

 任务知识

一、解剖构造

听诊时，检查肺脏所有区域是很重要的。肺脏占胸部骨架前方的大部分。肺叶沿着胸骨腹侧延伸，从第一肋骨前大约延伸至第七肋骨，向背侧后大约延伸至第九或第十肋间。

右肺分为前叶、中叶、副叶及后叶。心脏切迹为肺脏覆盖在心脏上的小区域，此处的肺组织并不出现在心脏和体壁之间，而是位于右前与右中肺叶之间，第四与第五肋间的腹侧面。左肺分为前叶与后叶，并在左前肺叶的前、后之间有明显的分隔，如图4-4所示。

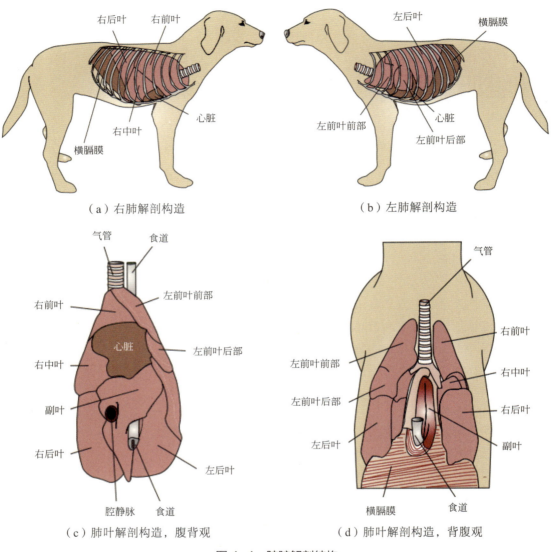

图 4-4 肺脏解剖结构

二、听诊

一般多用听诊器进行间接听诊，肺听诊区和叩诊区基本一致。听诊时宜先从肺部的中1/3部开始，由前向后逐渐听取，其次是上1/3部，最后是下1/3部，每个部位听3～4次呼吸音后再变换位置，直至听完全肺。如发现异常呼吸音，为了确定其性质，应将该处与邻近部位进行比较，有必要时还要与对侧相应部位对照听取。

1. 生理性呼吸音

犬猫呼吸时，气流进入呼吸道和肺泡发生摩擦，引起旋涡运动而产生声音，正常肺部可以听到两种不同性质的声音，即肺泡呼吸音和支气管呼吸音。

（1）肺泡呼吸音　是气流进出肺泡发生摩擦，引起气流运动而产生的声音，类似柔和的"夫"的声响，吸气时强而清楚，呼气时弱些。肺泡呼吸音产生的因素：①空气通过毛细支气管时的摩擦音；②气流冲击肺泡壁形成旋涡产生的声音；③肺泡舒张或收缩过程中由于弹性变化所形成的声音，如图4-5所示。

（2）支气管呼吸音　是气流通过声门裂隙或气管、支气管时产生的气流旋涡所致，类似将舌抬高呼气时所发出的"赫、赫"的声响，在吸气时弱而短（是气管呼吸音延续）而呼气时强而长。

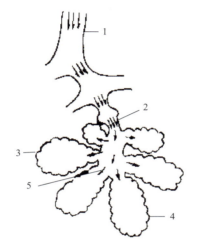

图4-5　肺泡呼吸音产生的模式图

1—气管；2—支气管肺泡移行部；3，4—肺泡；5—肺泡入口

呼吸方式

2. 病理性呼吸音

在病理情况下，除生理性呼吸音的性质和强度发生改变外，常可发现各种各样的异常呼吸音，即病理性呼吸音。常见的病理性呼吸音有以下几种：

（1）啰音　啰音是由于气管或支气管内存在渗出物、分泌物、血液等液体，当呼吸时液体受气体的振动而产生的一种附加音。按啰音的性质可将其分为干啰音和湿啰音。

① 干啰音　由于支气管黏膜上有黏稠的分泌物，当支气管黏膜肿胀、发炎或支气管痉挛时，会使管径狭窄，空气通过狭窄的支气管腔或气流冲击管腔内壁上的黏稠分泌物时引起振动而产生的声音，称为干啰音。其特征为：音调高，长而高朗，类似哨音、笛音、飞箭音或"咝咝"声等，表明病变主要在细支气管；亦可为强大粗糙而音调低的"咕咕"声、"嗡嗡"声等，表明病变在大支气管中。提示的疾病主要为支气管炎，广泛性干啰音主要见于弥散性支气管炎、支气管肺炎、慢性肺气肿等；局限性干啰音常见于支气管炎、肺气肿、肺结核和间质性肺炎等。

② 湿啰音　又称水泡音，是气流通过带有稀薄分泌物的支气管时引起气体移动或水泡破裂而发出的声音，类似于用细管向水内吹气所产生的声音。按支气管口径的不同，可

将其分为大、中、小三种，大水泡音产生于大支气管，中小水泡音产生于中小支气管。湿啰音是支气管疾病最常见的症状，也为肺部许多疾病的重要症状之一。支气管内的分泌物存在常为各种炎症的结果，提示的疾病主要有支气管炎、各型肺炎、肺结核等。广泛性湿啰音，见于肺水肿；两侧肺下叶的湿啰音，见于心力衰竭、肺淤血、肺出血和异物性肺炎。

（2）捻发音　它的病理基础为细支气管或肺泡被黏稠的分泌物黏合起来，但没有发生实变，当吸气时被突然分开而产生，是一种细碎而均匀的噼啪声，类似于在耳边捻一簇头发的声音。其特点是声音短，细碎，断续，大小均匀而相等。出现在吸气末，在吸气顶点最为清楚。捻发音提示的疾病主要有大叶性肺炎（充血期和消散期）、肺结核、肺充血、肺水肿（初期）、毛细支气管炎和肺膨胀不全等。

（3）空瓮音　空洞内产生共鸣而形成。空瓮音类似于轻吹狭口的空瓶所发出的声音，其特点为较柔和而长，带有金属性。提示的疾病主要有肺脓肿、肺坏疽、肺结核及肺棘球蚴病等。

呼吸音听诊

（4）胸膜摩擦音　由于纤维素沉着在胸膜上，使胸膜变得粗糙，随着呼吸运动，脏层与壁层相互摩擦而出现的声音即为胸膜摩擦音。吸气与呼气时均能听到，见于胸膜炎、大叶性肺炎等。

（5）拍水音　胸腔内有气体与液体同时存在，随呼吸运动，心搏动及宠物的体位突然改变，震荡或冲击液体而产生的声音即为拍水音。吸气与呼气时均能听到，类似于震荡半瓶水而发出的声音。提示的疾病主要为渗出性胸膜炎、胸腔积液和血胸。

任务实施

【材料准备】

犬猫、听诊器。

【操作步骤】

（1）呼吸检查时，宠物需要静静地站在桌上或地上。

（2）观察呼吸形态，每次呼吸时感觉其胸部扩大及缩小，观察并留心听取呼吸音。评估每次呼吸所需的力道以及时间。若嘈杂声增大或呼吸费力，判断在吸气还是在呼气时出现的症状最明显，如图4-6所示。

（3）听诊喉头与胸外气管时，应将听诊器放在横膈位置，从喉头往下至入胸处，贴着皮肤于多处听诊，并听诊吸气与呼气

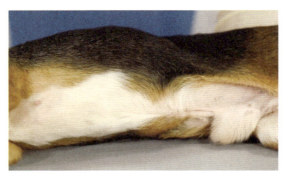

图4-6　观察呼吸状态

[图4-7（a）]。

（4）听诊整个右肺，从肺部的中1/3部开始，由前向后逐渐听取，其次是上1/3部，最后是下1/3部，每个部位听3~4次呼吸音后再变换位置，直至听完整个右肺。

（5）听诊整个左肺，从肺部的中1/3部开始，由前向后逐渐听取，其次是上1/3部，最后是下1/3部，每个部位听3~4次呼吸音后再变换位置，直至听完整个左肺，如[图4-7（b）]所示。

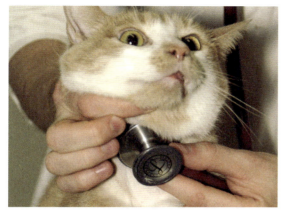 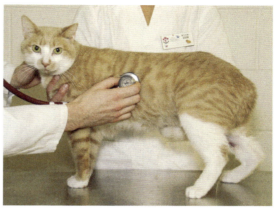

（a）听诊喉头与气管有助于定位　　　　（b）听诊肺部所有区域，
　　上呼吸道的阻塞部位　　　　　　　　　对于辨认异常非常重要

图4-7　猫听诊

【注意事项】

（1）听诊需在安静的房间中进行，并使犬猫保持平静以免干扰听诊结果。

（2）为紧迫状态中的宠物进行彻底的检查可能不容易，尽量以最少的保定来观察呼吸方式。可以将检查限制在呼吸系统特定部位，评估问题的严重性。

（3）检查时给予呼吸困难的宠物氧气可能会有帮助。可使用氧气管、氧气袋、氧气罩、氧气颈圈、经鼻氧气导管或氧气笼来提供充满氧气的环境。

任务记录与小结

认真并独立完成本次任务报告，见《任务工作手册》示例。

任务考核

教师按"任务考核单"（见《任务工作手册》）对学生任务完成情况进行考评。

项目五

腹部检查

　　腹腔器官主要包括胃、肝脏、肠管等消化器官与肾脏、输尿管、膀胱等泌尿器官,雌性宠物还有卵巢、子宫等生殖器官。在宠物临床检查中,腹腔内的器官检查以触诊为主,如有需要可进行X线与超声等影像检查。

任务十三

腹腔器官触诊

腹部触诊检查即利用检查者的手感触宠物腹部及腹腔脏器,通过感知其状态或内容物性状而确定其疾病的方法。由于犬猫个体较小,腹壁薄而软且腹腔浅显,对其所患的腹部疾病采用触诊法较其他诊断方法简便易行,并且诊断迅速。

任务目标

(1)掌握腹腔内的器官名称。
(2)能触诊到肝、肠、膀胱等器官。
(3)提高学生的团队协作能力。

临床应用

(1)呕吐、腹泻、食欲不振。
(2)少尿或无尿、尿淋漓、血尿。
(3)初步评估妊娠。
(4)腹腔膨大。

任务知识

一、腹腔器官

1.消化器官

(1)**胃** 在腹腔左侧前部,最后肋弓后。若抬高前躯,胃位置后移更易触及。通过触诊可感知胃的大小、敏感性、内容物的性质等。

(2)**肝脏** 犬猫肝脏占据腹腔的前部,前贴膈肌,腹侧缘接腹底壁、剑状软骨的后上方,左缘达第10肋或第11肋,右缘伸展到约与肋弓相一致。因此,临床检查时,在右侧肋弓下部向前上方触压,可触感肝脏的大小、质地、敏感性。

(3)**肠管** 犬猫的肠管分为小肠和大肠。犬猫肠道较长,小肠位于肝和胃后方,占据腹腔的大部,是最容易触诊的脏器。宠物临床疾病中,最为常见的有异物、套叠等引起的梗阻,在猫腹腔触诊中常能摸到降结肠内的大便,不要与异物混淆。

2. 泌尿器官

（1）**肾脏**　犬猫肾呈蚕豆形,表面光滑,针对个体而言体积较大。由于右肾稍靠前,临床多不易触及,若提举前躯更易触及。通过触诊,可感知肾的大小、质地、敏感性、表面状态以判定肾脏疾病。

（2）**膀胱**　犬猫的膀胱空虚时位于骨盆腔内耻骨联合前方的腹腔底部。膀胱空虚时,触感膀胱为指头至鸡蛋大的肉团状,往前突然消失,如触压指尖;充满尿液时膀胱进入腹腔,极度充盈时可达脐部,呈球形,紧张而有波动感。

3. 生殖器官

犬猫子宫属双角子宫,位于直肠腹侧、膀胱背侧。

（1）**妊娠诊断**　最好空腹进行,双手紧抱雌性犬猫腹部,向腰棘突方向轻轻施加压力,然后手指并拢,用滑动来感觉妊娠与否,小型犬或猫可用手掌托住后腹部,手指向腹内轻轻地按压,切忌用力挤压。

（2）**子宫疾病**　通过触诊,可感知子宫的质地、子宫内增生性病变以及子宫积液。非妊娠情况下,若感觉子宫壁增厚、敏感,多提示子宫炎;若子宫明显增大,紧张而有波动感,多提示子宫蓄脓;若子宫内有与子宫壁联系紧密的团块,提示子宫肿瘤。

通过腹部触诊可确定腹壁及腹腔脏器的肿块、疼痛性疾病、腹腔积液的有无,从而对腹膜炎、腹水、肠系膜淋巴瘤等疾病建立诊断。猫腹腔器官如图5-1所示。

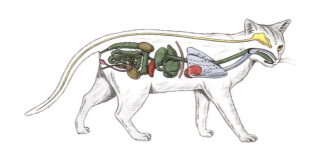

图5-1　猫腹腔器官

二、犬猫腹部触诊的方法

犬猫固定头部,站立保定。临床常用的触诊方法有:

（1）**滑动式**　即检查者站于犬猫正后方,将左右手分别置于其左右腹部,边向腹正中挤压边向后上方移动,感知腹腔脏器滑过指端时各脏器的位置、形态、质地,以及内容物性状、敏感性等。

（2）**捏压式**　即检查者站于犬猫腹侧面,左手平放于犬猫腰背部并稍向下施压,右手拇指和其余四指配合按自下而上、从前往后的顺序依次触摸捏压腹腔内各部脏器，感知其状态。

（3）按压式 即检查者站于犬猫腹侧或后方，将两手分别置于其左、右腹部，一只手或两只手同时按自下而上、从前往后的顺序依次按压腹部脏器，感知其状态。

任务实施

【材料准备】

犬、猫、检查手套。

【操作步骤】

（1）位置及保定 对犬猫进行合适的站立保定。

（2）整体检查 观察犬猫腹腔有无鼓胀、不对称。如果鼓胀明显，进行腹部叩诊，判断是否存在腹腔积液、积气（胃扩张或肠扭转）、肥胖或团块等。使犬猫保持站姿，从前至后全面地进行腹部触诊，触诊浅表判断有无团块或者疝，如图5-2、图5-3所示。

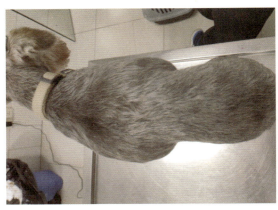

图5-2 整体观察犬腹腔

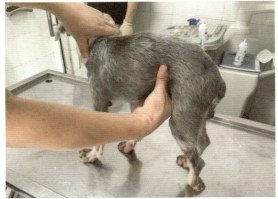

图5-3 犬腹腔触诊

（3）胃部检查 触诊腹腔前侧判断是否发生胃鼓胀。正常的胃难以触及，犬猫过度采食后也可以在其左侧前腹部触诊到胃。

（4）肝脏检查 正常的肝脏难以触及，肝尾叶勉强可以触及，表面光滑，易于辨认。肝肿大会使肝脏超出肋弓，边缘变圆。犬猫侧卧位或者前肢抬起、后肢站立位时便于进行肝脏触诊。

（5）脾脏检查 脾脏位于中腹部，常不可触及。触诊时应注意脾脏是否肿大、不规则或有明显的团块。触诊时应轻柔。

（6）肠及肠系膜淋巴结检查 肠及肠系膜淋巴结位于中腹部。触诊肠系膜淋巴结是否增大；触诊肠壁厚度并评估肠道内是否存在气体、液体、异物或肿块等；触诊小肠是否出现套叠和聚集；观察触诊异常肠道时是否会出现疼痛。结肠的触诊位置位于腹腔后背侧，触诊时要注意鉴别粪便和团块，轻轻施压可以使粪便变形，评估粪便的数量和性状。

（7）肾脏检查　　犬猫的肾脏触诊应在腹背侧进行。犬肾脏一般不容易触及，幼犬或者体形较瘦的犬容易触及。猫肾脏触诊时，可用一只手举起猫的胸部，用另一只手进行触诊。比较两肾大小、形状、硬度和表面规则程度等。

（8）膀胱检查　　膀胱的触诊位置位于后腹部。当膀胱中度或明显充盈时能被触及。触诊膀胱的大小、充盈度和膀胱壁弹性以及有无明显结石等。触诊时，应注意观察犬猫是否有疼痛反应。

（9）子宫检查　　正常时一般无法被触及，子宫形状以及质地异常时可触及。

（10）前列腺检查　　前列腺的触诊位置位于后腹部结肠腹侧和膀胱后侧。正常时较难触及，异常时可触诊前列腺的大小、形状以及表面规则程度等。

【注意事项】

（1）熟悉腹腔脏器的生理位置及状态是腹部触诊的前提，耐心、细致的触诊是疾病准确诊断的保障。

（2）对于腹部紧张的犬猫，可在麻醉后进行腹部触诊，此时更易触诊腹腔各脏器的状态。

（3）由于腹部触诊是徒手隔着腹壁触摸脏器状态及内容物性状而诊断病性的，所以诊断的准确性取决于能否准确地触摸到病灶，但有时尽管能准确触摸到病灶，亦不能准确诊断。如触摸到肠道肿块，是异物阻塞还是肿瘤，是何种性质的异物阻塞，往往需结合X线与超声检查、剖腹探查才能准确诊断。

任务记录与小结

认真并独立完成本次任务报告，见《任务工作手册》示例。

任务考核

教师按"任务考核单"（见《任务工作手册》）对学生任务完成情况进行考评。

任务十四

直肠与肛门腺检查

当肛门腺开口发生阻塞或腺体分泌过多时易发生细菌感染、发炎、红肿、充盈、瘙痒（常在地面摩擦肛门或舔肛门区），甚至破溃和糜烂。肛门腺疾病多发生于犬，猫发病相对较少。

任务目标

（1）掌握肛门腺的解剖结构。
（2）能触诊并评估肛门腺，且挤出内容物。
（3）培养学生吃苦耐劳的精神。

临床应用

（1）触诊犬肛门腺应作为常规理学检查的一项，若腺体是满的应清空。
（2）犬用肛门摩擦地面及舔肛门区域。
（3）肛周肿块（肿瘤或溃疡）。

任务知识

肛门腺又称肛门囊，是一对梨形腺体，分别位于肛门内、外括约肌腹侧，在犬的肛门两侧约5点及7点钟方向，左、右各有一个开口。肛门腺产生灰色或褐色的皮脂样分泌物，有臭味，其开口随着肛门口打开而打开，排出肛门腺液润滑肛门，使犬猫能顺利排便，犬之间也以此来相互识别对方，如图5-4所示。

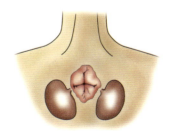
（a）肛门腺位置

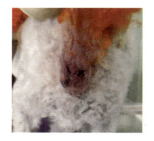
（b）肛门腺发炎导致比熊犬肛门红肿

图5-4 肛门腺

 **任务实施**

【材料准备】

犬、猫、橡胶手套、润滑剂、纱布棉,如图5-5所示。

【操作步骤】

(1)以站姿保定宠物于桌上,且由助手支撑其腹部,防止宠物坐下并减少移动。

(2)戴上手套并润滑食指。

(3)评估会阴及肛周区是否出现疝或异常肿胀。

(4)检查肛门腺是否存在感染、膨胀或肿块,如图5-6所示。

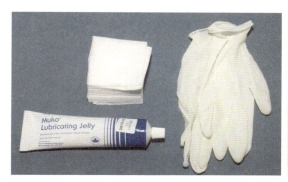

图5-5 材料准备　　　　　　　　　图5-6 犬右侧会阴疝

(5)检查直肠检查中所得到粪便的数量、质地、颜色以及粪便中是否带血或黏液。注意检查是否有碎骨片、碎石块、布料或塑料等异物存在,如图5-7所示。

(6)找出位于5点与7点钟方向的肛门腺,并以食指在直肠内分别触诊,以拇指在肛门周围区域触诊,如图5-8所示。

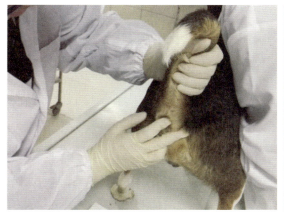 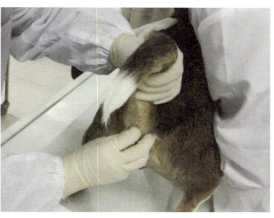

图5-7 将已经戴上手套及　　　　　图5-8 以食指在直肠内触诊肛门腺,
润滑过的食指插入直肠　　　　　　并以拇指在肛门周围区域触诊

（7）若需挤压肛门腺，将纱布棉或其他可吸水的材料置于肛门腺开口处。在肛门直肠边缘，施以轻柔但稳定的力量，由腹侧往肛门腺开口挤压，直到清空为止，如图5-9所示。

图5-9　施以轻柔但稳定的力量，由腹侧往肛门腺开口挤压内容物

（8）正常的肛门腺液体颜色及硬度各不相同，最常见的分泌物颜色为黄色、灰色或棕色，如图5-10所示。

（9）触诊清空的肛门腺是否变厚或有肿块，如图5-11所示。

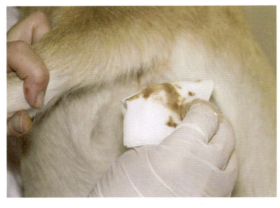 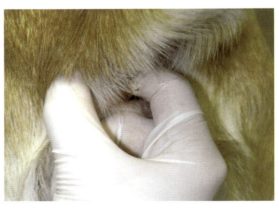

图5-10　正常肛门腺的液体最常见的颜色为黄色、灰色或棕色

图5-11　清空后触诊肛门腺是否变厚或有肿块

任务记录与小结

认真并独立完成本次任务报告，见《任务工作手册》示例。

任务考核

教师按"任务考核单"（见《任务工作手册》）对学生任务完成情况进行考评。

任务十五

外泌尿生殖器官检查

雄性宠物生殖器官包括阴囊、睾丸、精索、附睾、阴茎和一些副腺体（前列腺、贮精囊和尿道球腺）。雌性宠物生殖器官包括卵巢、输卵管、子宫、阴道和阴门，外生殖器主要指阴道和阴门。临床检查中凡是有外生殖器官局部肿胀、排尿障碍、尿血、尿道口有异常分泌物、疼痛等症状时，均应考虑有生殖器官疾病的可能。这些症状除发生于生殖器官本身的疾病外，也可由泌尿器官或其他器官的疾病引起。

任务目标

（1）掌握泌尿器官的组成。
（2）掌握外生殖器官的组成。
（3）能分辨出外生殖器官的正常与异常。
（4）培养学生的团队协作精神。

临床应用

（1）尿道管腔有结石、肿瘤或狭窄等。
（2）尿血、尿淋漓、尿不出等。
（3）乳房肿大、破溃等。

任务知识

一、外生殖器官

1. 雄性犬猫

检查雄性宠物外生殖器官时应注意阴囊、睾丸和阴茎的大小、形状，尿道口炎症、肿胀、分泌物或新生物等。

（1）睾丸和阴囊 阴囊内有睾丸、附睾、精索和输精管。检查时应注意睾丸的大小、形状、硬度以及有无隐睾、压痛、结节和肿物等。

① 阴囊　由于阴囊低垂，皮薄而皱缩，组织疏松，最易发生阴囊及阴鞘水肿，临床表现为阴囊呈椭圆形肿大，表面光滑、膨胀，有囊性感，局部无压痛，压之留有指痕。如积液明显，可行阴囊阴鞘穿刺，一般积液为黄色透明液体，如为血性液体可提示由创伤、肿瘤及阴囊水肿引起。阴囊肿大，如触诊感到冰冷、指压留痕，常见于丝虫病引起的水肿。严重时水肿可蔓延到腹下或股内侧，有时甚至引起排尿障碍，触诊有热痛，多见于阴囊局部炎症，睾丸炎，去势后阴囊积血、渗出、浸润及感染、阴囊脓肿，精索硬肿，阴鞘和阴茎的损伤、肿瘤等。此外，阴囊和阴鞘水肿也可发生于某些全身性疾病，如贫血、心脏及肾脏疾病等。发生阴囊疝时，可见阴囊显著增大，有明显的腹痛症状，有时持续而剧烈，触诊阴囊有软坠感，同时阴囊皮肤温度降低，有冰凉感。发现阴囊肿大，如为鉴别阴囊疝和鞘膜积液，应将患宠横卧保定再行检查，除嵌顿性阴囊疝外，阴囊肿物可还纳，而鞘膜积液和脓肿则无改变。

② 睾丸　检查时应注意睾丸的大小、形状、温度及疼痛等。雄性宠物的睾丸炎多与附睾炎同时发生。在急性期，睾丸明显肿大、疼痛，阴囊肿大，触诊时局部压痛明显、增温，患宠精神沉郁，食欲减退，体温增高，后肢多呈外展姿势，出现运步障碍。如发热不退或睾丸肿胀和疼痛不减，应考虑有睾丸化脓性炎症的可能。此时全身症状更为明显，阴囊逐渐增大，皮肤紧张发亮，阴囊及阴鞘水肿，且可出现渐进性软化病灶，以致破溃。必要时可行睾丸穿刺以助诊断。患布鲁氏菌病时，常发生附睾炎、睾丸炎及前列腺炎。一侧睾丸肿大、坚硬并有结节，应考虑为睾丸肿瘤。摸不到睾丸，可能为隐睾或先天性睾丸发育不全。

③ 精索　精索硬肿为去势后常见的并发症。可为一侧或两侧，多伴有阴囊和阴鞘水肿，甚至可引起腹下水肿。触诊精索断端，可发现大小不一、坚硬的肿块，有明显的压痛和运步障碍。有的可形成脓肿或精索瘘管。

（2）阴茎及龟头　对于雄性宠物，阴茎损伤、阴茎麻痹、龟头局部肿胀及肿瘤较为多见。公犬阴茎较长，易发生损伤，受伤后可局部发炎、肿胀或溃烂，见尿道流血，排尿障碍，受伤部位疼痛和尿潴留等症状，严重者可发生阴茎、阴囊、腹下水肿和尿外渗，造成组织感染、化脓和坏死。如用导尿管检查则不能插入膀胱，或仅导出少量血样液体，提示有尿道损伤的可能。阴茎嵌顿、阴茎外伤时，阴茎肿大并表现疼痛不安，如图5-12所示。阴茎根部的海绵体表面有时发生脓疱、龟头肿胀时，局部红肿、发亮，有的发生糜烂，甚至坏死，有多量渗出液外溢，尿道可流出脓性分泌物。雄性宠物的外生殖器肿瘤，多见于犬，且常发生于阴鞘、阴茎和龟头部，阴茎及龟头部肿瘤多呈不规则的肿块和菜花状，常溃烂出血，有恶臭分泌物。

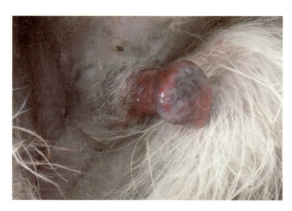

图5-12　阴茎检查（嵌顿性阴茎）

2. 雌性犬猫

（1）**外生殖器**　雌性宠物外生殖器检查以视诊、触诊为主。检查时可借助阴道开张器扩张阴道，详细观察阴道黏膜的颜色、湿度、损伤、炎症、肿物及溃疡，同时注意子宫颈的状态及阴道分泌物的变化。这对于诊断某些泌尿生殖器官疾病有重要意义。

健康犬猫的阴道黏膜呈淡粉红色，光滑而湿润。雌性宠物发情期阴道黏膜和黏液可发生特征性变化，此时，阴唇呈现充血肿胀，阴道黏膜充血，子宫颈及子宫分泌的黏液流入阴道。黏液多呈无色、灰白色或淡黄色，透明，其量不等，有时经阴门流出，常吊在阴唇皮肤上或黏着在尾根部的毛上，变为薄痂。

在病理情况下，较多见者为阴道炎。一般产后感染可致阴道炎；难产时，因助产而致阴道黏膜损伤，可继发感染；胎衣不下而腐败时，也常引起阴道炎。患病宠物表现拱背、努责、尾根翘起、时作排尿状，但尿量却不多，阴门中流出浆液性或黏液脓性污秽腥臭液，甚至附着在阴门、尾根部变为干痂。阴道检查时，阴道黏膜敏感性增高，疼痛，充血，出血，肿胀，干燥，有时可发生创伤、溃疡或糜烂。假膜性阴道炎时，可见黏膜上覆盖一层灰黄色或灰白色坏死组织薄膜，膜下上皮缺损，或出现溃疡面。阴道黏膜肿胀，有小结节和溃疡。

雌性动物子宫扭转时，除明显的腹痛症状外，阴道检查可提供很重要的诊断依据。阴道黏膜充血呈紫红色，阴道壁紧张，其特点是越向前越变狭窄，而且在其前端呈较大的明显的螺旋状皱褶，皱褶的方向标志着子宫扭转的方向。当阴道和子宫脱出时，可见阴门外有脱垂物体。

（2）**乳房**　乳房检查对乳腺疾病的诊断具有很重要的意义。在宠物一般临床检查中，尤其是哺乳期雌性宠物除注意全身状态外，应重点检查乳房。检查方法主要是视诊、触诊，并注意乳汁的性状。

① 视诊　注意乳房大小、形状，乳房和乳头的皮肤颜色，有无发红、橘皮样变、外伤、隆起、结节及脓疱等。乳房皮肤上出现疹疱、脓疱及结节，多为痘疹、口蹄疫等症状。

② 触诊　可确定乳房皮肤的厚薄、温度、软硬度及乳房淋巴结的状态，有无脓肿，以及其硬结部位的大小和疼痛程度。

检查乳房温度时，应将手贴于相对称的部位进行比较。检查乳房皮肤厚薄和软硬时，应将皮肤捏成皱襞或由轻到重施压感觉。触诊乳房实质及硬结病灶时，须在挤奶后进行。注意肿胀的部位、大小、硬度、压痛及局部温度，有无波动或囊性感。乳房炎时，炎症部位肿胀、发硬，皮肤呈紫红色，有热痛反应，有时乳房淋巴结也肿大，挤奶不畅。炎症可发生于整个乳房，有时仅限于乳腺的一叶，或仅局限于一叶的某一部分。因此，检查应遍及整个乳房。脓性乳房炎发生表在脓肿时，可在乳房表面出现丘状突起。发生乳房结核时，乳房淋巴结显著肿大，形成硬结，触诊常无热痛。

乳汁感观检查，除隐性型病例外，多数乳房炎患宠乳汁性状都有变化。检查时，可将各乳区的乳汁分别挤入手心或盛于器皿内进行观察，注意乳汁颜色、稠度和性状。如乳汁浓稠，内含絮状物或纤维蛋白性凝块，或脓汁、带血，可为乳房炎的重要指征。必要时进行乳汁的化学分析和显微镜检查。

二、排尿动作及尿液感观检查

1. 排尿生理

尿液在肾脏中形成之后，经由肾盂（盏）、输尿管不断地进入膀胱内贮存。膀胱和尿道受盆神经、腹下神经和阴部神经支配，这些神经来自腰荐部脊髓，故脊髓的腰荐段是排尿初级中枢所在地。盆神经属于副交感神经，兴奋时可使膀胱逼尿肌收缩、膀胱（内）括约肌松弛，促成排尿。腹下神经属于交感神经，兴奋时可使膀胱逼尿肌松弛、膀胱括约肌收缩，因而有促使膀胱贮尿的作用。

当贮存于膀胱内的尿液不断增加，内压逐渐升高，达到一定程度时，刺激膀胱壁压力感受器，冲动经传入神经传至脊髓排尿初级中枢，引起盆神经兴奋和腹下神经抑制，从而反射地使膀胱逼尿肌收缩和膀胱括约肌松弛，引起排尿。一旦排尿开始，尿流经过尿道时，还可刺激尿道感受器，其冲动沿阴部神经传入脊髓排尿中枢，再通过相应的神经引起膀胱逼尿肌继续收缩和膀胱括约肌继续松弛，直到尿液排完。排尿末期，由于尿道海绵体收缩，可将尿道内残留的尿液排至体外。

脊髓排尿反射初级中枢经常受大脑皮质的调节，而且阴部神经又直接受意识所支配，故排尿可随意控制。因此，膀胱感受器、传入神经、排尿初级中枢、传出神经或效应器官等排尿反射弧的任何一部分异常，腰段以上脊髓受损伤而排尿初级中枢与大脑高级中枢之间传导中断，或大脑高级中枢功能障碍，均可引起排尿异常。

临床检查时，注意了解和观察宠物的排尿动作，对尿液的感观进行检查，对诊断疾病具有重要意义。

2. 排尿动作

（1）**排尿姿势** 由于宠物种类和性别的区别，其正常排尿姿势也不尽相同。母犬和母猫排尿时，后肢展开、下蹲、举尾、背腰拱起。公犬猫常将一后肢抬起翘在墙壁或其他物体上而将尿射于该处。

（2）**排尿次数和尿量** 排尿次数和尿量的多少，与肾脏的泌尿功能、尿路状态、饲料中含水量、宠物的饮水量、机体从其他途径（如粪便、呼吸、皮肤）所排水分的多少有密切关系。健康宠物一日排尿量，犬为0.5～1L，猫为0.1～0.2L，但公犬常随嗅闻物体而产生尿意，短时间内可排尿十多次。

（3）**排尿异常** 在病理情况下，泌尿、贮尿和排尿的任何障碍，都可表现出排尿异常，临床检查时应注意下列情况：

① 频尿和多尿 频尿是指排尿次数增多，而一次尿量不多甚至减少或呈滴状排出，故24h内尿的总量并不多。多见于膀胱炎、膀胱受机械性刺激（如结石）、尿液性质改变（如肾炎、尿液在膀胱内异常分解等）和尿路炎症。宠物发情时也常见频尿。多尿是指24h

内尿的总量增多，其表现为排尿次数增多而每次尿量并不少，或表现为排尿次数虽不明显增加，但每次尿量增多，这是由于肾小球滤过功能增强或肾小管重吸收能力减弱所致。见于肾小管细胞受损伤（如慢性肾炎）、原尿中的溶质（葡萄糖、钠、钾等）浓度增高（如渗出性疾病吸收期、糖尿病等）、尿毒症等，以及应用利尿剂或大量饮水之后或发热性疾病的退热期等。

② 少尿和无尿　宠物24h内排尿总量减少甚至接近没有尿液排出，称为少尿或无尿（排尿停止）。临床上表现排尿次数和每次尿量均减少甚至久不排尿。此时，尿液变浓，尿比重增高，有大量沉积物。按其病因可分为以下三种：

a.肾前性少尿或无尿（功能性肾衰竭）　多发生于严重脱水或电解质紊乱（如烈性呕吐，严重腹泻，热性病，严重水肿或大量渗出液、漏出液渗漏至体腔，严重失血等）、外周血管衰竭、充血性心力衰竭、休克、肾动脉栓塞或肿瘤压迫、肾淤血等。在这些情况下，由于血压降低，血容量减少，或肾血液循环障碍使肾脏血流量突然减少，致使肾小球滤过率降低。同时也可能因抗利尿激素（加压素）和醛固酮分泌增多，以致尿液形成过少而引起少尿。临床特点为尿量轻度或中度减少，尿比重增高，一般不出现无尿。

b.肾原性少尿或无尿（器质性肾衰竭）　是肾脏泌尿机能高度障碍的结果，多由于肾小球和肾小管严重损害所引起。见于急性肾小球性肾炎、慢性肾炎（急性发作期）、各种慢性肾脏病（如慢性肾炎、慢性肾盂肾炎、肾结石、肾结核等）引起的肾功能衰竭、肾缺血（如休克、严重创伤、严重的水和电解质紊乱等）及肾毒物质（汞、砷、铀、四氯化碳、磺胺类药物、卡那霉素、庆大霉素、新霉素以及蛇毒等）所致的急性肾功能衰竭等。其临床特点多为少尿，少数严重者无尿，尿比重大多偏低（急性肾小球性肾炎的尿比重增高），尿中出现不同程度的蛋白质、红细胞、白细胞、肾上皮细胞和各种管型。严重时，可使体内代谢最终产物不能及时排出，特别是残氮的蓄积，水、电解质和酸碱平衡紊乱而引起自体中毒和尿毒症。

c.肾后性少尿或无尿（梗阻性肾衰竭）　是因尿路（主要是输尿管）梗阻所致，见于肾盂或输尿管结石或被血块、脓块、乳糜块等阻塞，输尿管炎性水肿、瘢痕、狭窄等梗阻，机械性尿路阻塞（尿道结石、狭窄），膀胱结石或肿瘤压迫两侧输尿管或梗阻膀胱颈，膀胱功能障碍所致的尿闭和膀胱破裂等。

此外，少尿有时也因精神因素或神经系统疾病（如脊髓全横径损伤）所致的排尿困难以及药物性排尿障碍（如神经阻滞药等）所引起。

③ 尿闭　肾脏的尿生成仍能进行，但尿液滞留在膀胱内而不能排出，又称尿潴留，可分为完全尿闭和不完全尿闭。多由于排尿通路受阻所致，见于因结石、炎性渗出物或血块等导致尿路阻塞或狭窄时（如尿道阻塞）。膀胱括约肌痉挛或膀胱逼尿肌麻痹时，也可引起尿闭。例如导致后躯不全瘫痪或完全瘫痪的脊髓腰荐段病变，因影响位于该处的低级排尿中枢或副交感神经功能丧失，逐渐引起尿潴留。

尿闭临床上也表现为排尿次数减少或长时间内不排尿，但与少尿或无尿有本质的不同。尿闭时因肾脏生成尿液的功能仍存在，尿不断输入膀胱，故膀胱不断充盈，患病宠物多有"尿意"，且伴发轻度或剧烈腹痛症状；直肠触诊膀胱膨满，有压痛，加压时尿呈细流状或滴沥状排出。尿潴留逐渐发展至膀胱内压超过膀胱括约肌的收缩力或冲过阻塞的尿路时，尿液也可自行溢出。但完全尿闭因膀胱过于胀大终至破裂，则直肠触诊也感到膀胱空虚。

④ 排尿困难和疼痛　某些泌尿器官疾病可使动物排尿时感到非常不适，甚至呈现腹痛样症状和排尿困难，称为痛尿。患病犬猫表现弓腰或背腰下沉，呻吟、努责、回顾等，阴茎下垂，并常引起排尿次数增加，频频试图排尿而无尿排出，或呈细流状或滴沥状排出（痛性尿淋漓），也常引起排粪困难而使粪停滞。见于膀胱炎、膀胱结石、膀胱过度膨满、尿道炎、尿道阻塞、阴道炎、前列腺炎、包皮疾患、肾盂肾炎、肾梗死或炎性产物阻塞肾盂。

尿道阻塞时，呻吟、努责常发生在排尿动作之前或伴发于排尿过程中，而且如果尿液不能顺利通过此阻塞部位，则呈痛性尿淋漓。尿道炎时，呻吟和坠胀常于尿液排出之后立即出现，并逐渐消失，直至下次排尿时再发生。老龄、体衰、胆怯的宠物，雌性宠物发情期也有呈现尿淋漓，但无疼痛表现。但这些情况都无泌尿系统疾病的其他症状和尿液变化，故可区别。

⑤ 尿失禁　宠物未采取一定的准备动作和排尿姿势，而尿液不自主地经常自行流出者，称为尿失禁。通常在脊髓疾病而致交感神经调节机能丧失时，因膀胱括约肌麻痹所引起，例如脊髓腰荐段全横径损伤、尾神经炎等。腰部以上脊髓损伤，以及腰荐部的低级排尿中枢与大脑皮层失去联系，某些脑病、昏迷、中毒等导致高级中枢不能控制低级中枢时，患宠也不自主地排尿。尿失禁时宠物两后肢、会阴部和尾部常被尿液污染、浸湿，久之则发生湿疹，直肠触诊膀胱空虚。

3. 尿液的感观检查

临床上，尿液的检查对某些疾病，特别是对泌尿系统疾病的诊断具有重要意义，对某些其他系统疾病（如肝脏病、代谢病等）也有很大参考价值。尿液的物理检查内容主要包括尿量、颜色、气味、密度等。

（1）**尿量**　正常尿量受饲料成分、饮水量、环境因素、体形大小及运动等影响，健康宠物一日排尿量，犬为0.5～1.0L，猫为0.1～0.2L，不同的个体差异变化很大，所以应根据具体情况判定异常与否。

临床上多尿常见于内分泌性疾病（如糖尿病、原发性甲状旁腺功能亢进及原发性醛固酮增多症等）、肾脏疾病（如慢性肾盂肾炎、高血压肾病、慢性肾小管功能衰竭等）。少尿或无尿常见于各种原因所引起的休克、严重脱水或电解质紊乱，或各种原因所引起的尿路梗阻，也可发生于急性肾小球肾炎、急性肾功能衰竭等肾脏疾病。

（2）**颜色**　健康犬尿液一般为淡黄色，清亮透明，猫为黄色透明的液体。尿液放置一段时间后可见微量絮状沉淀。尿液颜色变化与宠物饮食及摄取水分的多少有关，也可受服用药物的影响。

临床上尿液浑浊发红，呈云雾状，静置后有红色沉淀，称为血尿，多见于膀胱炎、膀胱结石、肾炎、肾衰竭、尿道结石、尿路出血等；尿液发红透明，静置后无沉淀产生，为血红蛋白尿，多见于溶血性疾病，如洋葱、大葱中毒等；尿色黄褐透明，为尿中含有胆红素或尿胆原，临床见于肝胆疾病。血尿与血红蛋白尿的鉴别方法见表5-1。尿液呈乳白色，见于肾及尿路的化脓性感染；尿液蓝绿色，多见于使用美蓝、消炎痛、氨苯蝶啶等药物的尿液。

表 5-1 血尿与血红蛋白尿的鉴别

鉴别方法	血尿	血红蛋白尿
静置后	常浑浊不透明	常透明
肉眼观察	有红色沉淀	无红色沉淀
屡次过滤	可发现完整红细胞	无完整红细胞
显微镜检查	脱色	不脱色

（3）气味 健康犬猫的尿液有淡淡的臭味，病理情况下气味常常发生变化。

临床上新鲜排出的尿液有特殊气味常提示有一些疾病存在，如氨臭味多见于膀胱炎或代谢性酸中毒，腐败性气味则是由于膀胱、尿路有溃疡、坏死或化脓性炎症时，大量的蛋白分解所致。若尿液呈烂苹果样气味，则多见于糖尿病酮症酸中毒的患病宠物。

4.尿液的比重检查

健康犬尿的比重是 1.015～1.045，猫的是 1.015～1.060。生理情况下，尿液比重增加见于动物饮水过少、气温过高、尿量减少等。

临床上尿比重降低，常见于慢性肾盂肾炎、尿崩症、慢性肾小球肾炎、急性肾功能衰竭（多尿期）等。尿比重增高多见于糖尿病、高热、呕吐、腹泻、脱水、休克、急性肾小球肾炎及心力衰竭等。

任务实施

【材料准备】

犬、猫、检查手套。

【操作步骤】

（1）触诊检查乳腺有无肿块。如果犬猫处于妊娠期或者假孕，应轻轻挤压乳头观察是否有分泌物或乳汁溢出。如果犬猫处于哺乳期，应检查乳腺是否有异常肿胀、变硬或发热，如图5-13所示。

（2）观察雌性犬猫的外阴是否有形状异常、肿胀或分泌物流出的现象。检查分泌物的颜色、质地和气味。检查外阴黏膜是否出现黄染、发绀、瘀斑或溃疡等。当

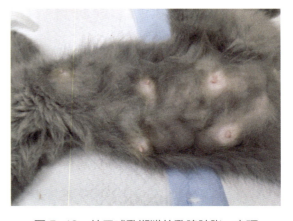

图 5-13 处于哺乳期猫的乳腺肿胀、变硬

发生难产或阴道分泌物流出时，应进行阴道检查。

（3）对于雄犬，检查阴茎和包皮。将包皮向后退至阴茎球，暴露整个阴茎，检查阴茎是否出现黄染、发绀、瘀斑、溃疡，有无创伤或者肿块等。对于雄猫，检查阴茎末端有无栓子，尤其是出现下泌尿道症状时。

（4）对于雄性未去势犬猫，触诊睾丸是否对称、发硬或形状不规则。如果阴囊中触诊不到睾丸，则应检查腹股沟区，确定是否存在睾丸未降，并触诊腹部检查有无团块。

【注意事项】

（1）尿样本的实验室检验作用不可替代，在进行理学检查的同时，应对尿液进行实验室检查。

（2）在雌性宠物生殖器官检查中怀疑是子宫感染时，应进行实验室及影像检查进行确认。

 任务记录与小结

认真并独立完成本次任务报告，见《任务工作手册》示例。

 任务考核

教师按"任务考核单"（见《任务工作手册》）对学生任务完成情况进行考评。

项目六

运动神经检查

宠物的运动,是在大脑皮层的控制下,由运动中枢和传导途径以及外周神经元等部分共同完成。运动中枢和传导途径由锥体束系统、锥体外系、小脑系统三部分组成,三者彼此间有密切联系。这些部分受损伤以后,则可产生运动障碍。

任务十六 运动神经检查

犬猫在外力（高空坠落、车撞等）因素下，往往会导致运动功能障碍，严重者还会瘫痪。对于运动神经系统的检查，主要包括精神状态，头颅和脊柱检查，运动功能、感觉功能和反射功能障碍的检查，必要时要有选择地进行脑积液穿刺诊断、实验室检查和影像检查等辅助诊断。

任务目标

（1）掌握神经系统检查内容、方法及临床表现。
（2）掌握运动障碍检查及表现。
（3）掌握神经反射的检查方法和反射类型的诊断意义。
（4）培养学生攻坚刻苦的精神。

临床应用

（1）运动功能障碍，如跛行、悬肢、瘫痪等。
（2）精神不振或反应亢奋。
（3）大小便失禁。

任务知识

一、整体状态

1. 精神状态

犬猫的精神状态是其中枢神经功能的反映。可根据犬猫对外界刺激的反应能力及行为表现判定其状态是否正常。健康状态的犬猫表现为：头耳灵活、眼睛明亮、反应迅速、行动敏捷、被毛平顺并富有光泽，见到主人喜撒娇，活泼可人，服从指令，对生人警惕性高，生人接近时，表现避让或发出威胁音，幼龄犬猫则显得活泼好动。

（1）**精神兴奋** 临床上表现不安，易惊，横冲直撞，不可遏制，甚至攻击人畜，常见于脑膜脑炎、脑脊髓炎、日射病、热射病、中毒、狂犬病等，如图6-1（左图）所示。

（2）精神抑制　精神抑制是中枢神经系统功能障碍的另一种表现形式，根据程度不同可分为以下四种：

① 精神沉郁　是轻度抑制现象，表现为病宠对周围事物注意力减弱，反应迟钝，离群呆立，头低耳耷，眼半闭或全闭，行动无力，但对外界刺激能轻易作出有意识的反应，如图6-1（右图）所示。

 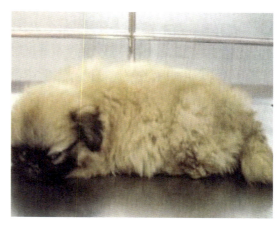

图6-1　精神状态

② 嗜睡　是中度抑制现象，病宠重度萎靡，将鼻、唇抵在饲槽上或倚墙或侧卧而沉睡，只有给予强烈刺激才能引起迟钝的、暂时的反应，但很快又陷入沉睡状态。

③ 昏迷　是重度抑制现象，病宠卧地不起，呼唤不应，全身肌肉松弛，意识完全丧失，反射丧失，甚至瞳孔散大，排便、排尿失禁，即使给予强烈刺激也不能引起反应，仅保留植物性神经系统的活动，心搏动和呼吸仍存在，但多变慢且节律不齐。重度昏迷常为预后不良的征兆。

④ 晕厥　又称昏厥，特征为突然发生的、短暂的意识丧失状态。机制为心脏输出量减少或血压突然下降引起急性脑贫血，大脑一时性广泛性供血不足所致。提示为心力衰竭、心脏传导阻滞、主动脉瓣关闭不全或狭窄、贫血、大脑出血、脑震荡及挫伤、脑栓塞或血栓形成、电击、低血糖、日射病等。

2. 姿势与步态

健康犬猫正常时姿势自然、动作灵活而协调，生人接近时迅速起立，或主动接近或逃避。患病犬猫表现为躺卧姿势僵硬、运动不灵活、站立不稳或取异常姿势。临床典型的异常姿势可有：

（1）全身僵直　表现为头颈挺伸，肢体僵硬，四肢不能屈曲，尾根挺起，面肌痉挛，牙关紧闭，呈木马样姿势，可见于破伤风。

（2）异常站立姿势　站立时单肢疼痛呈不自然的姿势，患肢呈免重或提起状态，多提示患肢骨折、肌肉关节损伤或爪部外伤。

（3）**站立不稳**　躯体歪斜或四肢叉开，依靠墙壁而站立，常为共济失调、躯体失去平衡的表现，常见于中毒或中枢神经系统疾病，特别当病程侵害小脑之际尤为明显。

（4）**骚动不安**　时起时卧，起卧滚转，频繁回视腹部，常为腹痛的特有表现。

（5）**异常躺卧姿势**　躺卧时头置于腹下或卧姿不自然，不时翻动，为腹痛表现。猫腹痛时则表现为蜷缩，抱起时则呈痛苦呻吟状。

（6）**步态异常**　常见有各种跛行，步态不稳，四肢运步不协调或蹒跚、踉跄、摇摆、跌晃而似醉酒状，如脑脊髓炎症、神经系统疾病。

二、运动功能

1. 盲目运动

盲目运动是指病宠非意识地不随意运动。患宠不注意周围事物，对外界刺激缺乏反应。表现无目的行走、前进、后退、转圈运动等。常见于脑炎、脑膜炎、某些中毒病等。

2. 强迫运动

强迫运动是指不受意识支配和外界因素影响，而出现的强制发生的一种不自主的运动。

（1）**回转运动**　表现：按同一方向做圆圈运动，圆圈的直径不变者称圆圈运动或马场运动；以一肢为中心，其余三肢围绕这一肢而在原地转圈者称时针运动。原因：当一侧的兴奋传导中断，以致对侧运动反应占优势时，便引起这种运动；头颈或体躯向一侧弯曲，以致无意识地随着头、颈部的弯曲方向而转动。

（2）**转圈方向**　朝向患病部的同侧，提示颞叶部占位性病变、前庭核或迷路的一侧性损伤；朝向患病部的对侧，提示四叠体后部至脑桥的一侧性损伤。多见于多头蚴病、脑脓肿、脑肿瘤、脑炎、李氏杆菌病等。

（3）**暴进及暴退**　患宠将头高举或低下，以常步或速步踉跄地向前狂进，称暴进，见于纹状体或视丘受损伤或视神经中枢被侵害而视野缩小。患宠头颈后仰，颈肌痉挛而连续后退，后退时常颠簸，甚至倒地，称暴退，见于摘除小脑的宠物或颈肌痉挛而后角弓反张（如流行性脑脊髓炎）。

（4）**滚转运动**　表现为病宠向一侧冲挤、倾倒、强制卧于一侧，或以身体长轴向一侧打滚，称为滚转运动。滚转时，多伴有头部扭转和脊柱向打滚方向弯曲。是由于迷路、听神经、小脑脚周围的病变，使一侧前庭神经受损，从而迷路紧张性消失，以致身体一侧肌肉松弛所致。

3. 共济失调

共济失调是指在宠物运动时各肌群运动不协调，导致宠物体位和各种运动异常。运动时呈醉酒样，临床上包括静止性失调、运动性失调。

（1）**静止性失调**　是指宠物在站立状态时，不能保持体位平衡，临床上表现为头部或躯体左右摇摆或向一侧倾斜，四肢紧张力降低、软弱、战栗、关节屈曲，向前、后、左、右摇摆。常四肢叉开,力图保持平衡,运动时踉跄,易倒地,见于小脑、前庭、迷路受损。

(2) 运动性失调　宠物站立时不明显,而在运动时出现共济失调,其步幅、运动强度、方向均表现出异常,着地用力,如涉水样,其原因是深部感觉障碍外周随意运动的信息不能正常向中枢传导。见于大脑皮层、小脑、前庭或脊髓受损。

4. 不随意运动

不随意运动也称为痉挛,为神经、肌肉疾病的一种病理现象,表现为横纹肌的不随意收缩。大多由于大脑皮层受到异常刺激,脑干或基底神经受损伤所致。根据痉挛性质,可把其分为阵发性痉挛、强直性痉挛、癫痫。

(1) 阵发性痉挛　其特征为单个肌群发生短暂的、断续有节奏的不随意收缩;肌肉收缩与松弛交替出现;痉挛突然发作,并迅速停止。阵发性痉挛常提示大脑、小脑、延髓或外周神经受到损害。临床上见于细菌性或病毒性脑炎,有机磷、食盐等化学物质中毒,某些植物中毒和内中毒,低钙、低镁血症,膈肌痉挛等。

(2) 强直性痉挛　指肌肉长时间的、均等的持续收缩。强直性痉挛时,伸肌和屈肌都处于高度兴奋状态,但在临床上多以伸肌收缩表现明显。强制性痉挛主要由于大脑皮层功能受到抑制、基底神经节受损伤、或脑干和脊髓的低级运动中枢受刺激而引起。

(3) 癫痫(羊角风)　癫痫是一种慢性的神经系统疾病,是由于大脑无器质变化而脑神经兴奋性增高,引起异常放电所致。其发作有突然性、暂时性和反复性。癫痫的病因是多方面的,有颅内疾病引起的,如脑炎、脑膜炎、脑出血;也有全身性疾病引起的,如心脏病、低血糖、尿毒症等。

5. 瘫痪

瘫痪指宠物的随意运动减弱或消失,又称麻痹。按病因分为器质性瘫痪和功能性瘫痪;按解剖部位分为中枢性瘫痪和外周性瘫痪。

(1) 中枢性瘫痪　是因脑、脊髓高级运动神经病变,也称上运动神经元性瘫痪。其特点是控制下运动神经元反射活动的能力减弱或消失,因而表现反射亢进,肌肉紧张而带有痉挛性,故又称痉挛性麻痹。常见于狂犬病、脑炎和中毒等。

(2) 外周性瘫痪　又称下运动神经元性瘫痪。其特点是肌肉张力降低,反射减弱或消失,肌肉营养不良,易萎缩。常见于面神经麻痹、三叉神经麻痹、坐骨神经麻痹等。

三、感觉功能的检查

宠物的感觉,除了特殊感觉(如视觉、嗅觉、听觉、味觉及平衡觉)外,还包括浅感觉、深感觉,它们都有各自的感受器和传入神经,产生各自的感觉。

1. 浅感觉的检查

浅感觉是指皮肤和黏膜感觉,包括触觉、痛觉、温度的感觉等。宠

浅部痛觉

物检查时主要检查其痛觉和触觉。检查时要尽可能先使宠物安静，动作要轻，应在躯体两侧对称部位和欲检部的前、后、左、右等周围部分反复对比，四肢则从末梢部开始逐渐向脊柱部检查，以确定该部感觉是否异常以及范围的大小。检查时，可用针刺、拔被毛、轻打、毛端轻轻抚触和轻捏、轻压脚垫等方法。浅感觉障碍，从临床表现则分为下列三种：

（1）**感觉过敏** 感觉过敏指病宠对抚摸、轻拉被毛、轻刺、轻捏、轻压脚垫等轻微刺激产生强烈的反应。常见于脊髓膜炎、脊髓背根损伤、视丘损伤或末梢神经发炎、受压等。

（2）**感觉减弱及消失** 感觉减弱指病宠在意识清醒的情况下，体表对刺激的感觉能力降低。感觉消失指对任何强度的刺激都不产生感觉反应。主要是由于感觉神经末梢、传导路径或感觉中枢障碍所致。局限性感觉减弱或消失，为支配该区域内的末梢感觉神经受侵害的结果，体躯两侧对称性的减弱或消失，常见于脊髓横断性损伤，如挫伤、压迫及炎症等；半边肢体的感觉减弱或消失，常见于延脑或大脑皮层间的传导路径受损伤。发生在身体许多部位的多发性感觉缺失，常见于多发性神经炎和某些传染病；全身性皮肤感觉减退或缺失，常见于各种不同疾病所引起的精神抑制和昏迷。

（3）**感觉异常** 感觉异常是指没有外界刺激而自发产生的感觉，如痒感、蚁行感、烘灼感等。但宠物不如人类能以语言表达，只表现对感觉异常部位用舌舔、啃咬、摩擦等，甚至咬破皮肤而露出肌肉、骨骼。感觉异常是因感觉神经传导路径存在有强刺激而发生，常见于狂犬病、伪狂犬病、脊髓炎、多发性神经炎等。

2.深感觉的检查

深部痛觉

深感觉是指位于皮下深处的肌肉、关节、骨骼、肌腱和韧带等的感觉，也称本体感觉。其作用是通过传导系统，将关于肢体的位置、状态和运动等的信息传到大脑，产生深部感觉，借以调节身体在空间的位置、方向等。因此，临床检查时应注意强制性运动、异常姿势或屈曲关节等，根据躯体的调节功能来判断障碍的程度或疼痛反应等。

深感觉障碍多与浅感觉障碍同时出现，同时也伴有意识障碍，提示大脑或脊髓被侵害，例如慢性脑室积水、脑炎、脊髓损伤、严重肝脏疾病及中毒等。

3.特殊感觉

特殊感觉是由特殊的感觉器官所感受，如视觉、听觉、嗅觉等。某些神经系统疾病，可使感觉器官与中枢神经系统之间的正常联系被破坏，导致相应感觉功能障碍。故通过感觉器官的检查，可以帮助发现神经系统的病理过程。

（1）**视觉** 临床上视觉检查主要检查瞳孔变化。

① 瞳孔散大 主要见于脑病使动眼神经麻痹，如阿托品中毒等，也可见于兴奋性很高时。

② 瞳孔缩小 主要见于有机磷中毒，或颈部损伤影响到支配瞳孔散大肌的神经功能。眼睑下垂是上眼睑举肌麻痹所致，常见于脑脊髓炎及肉毒中毒；眼球突出常见于严重呼吸困难、剧烈疝痛；眼球凹陷主要见于严重脱水、消瘦及瞎眼宠物等。

（2）听觉　听觉减弱或消失，除因耳病所致外，也见于延脑或大脑皮层颞叶受损伤时。听觉增强（过敏）可见于脑和脑膜炎初期、破伤风等。

（3）嗅觉　嗅神经、嗅球、嗅纹和大脑皮层是构成嗅觉的神经部分。当这些神经或鼻黏膜患病时则引起嗅觉迟钝甚至嗅觉缺失，如犬瘟热、猫瘟热等。

四、反射功能检查

1.反射活动

反射活动有皮肤反射（鬐甲反射、耳反射、腹壁反射、肛门反射和提睾反射等）、黏膜反射（咳嗽反射、喷嚏反射和角膜反射等）、深部反射（膝反射、跟腱反射等）及内脏反射等。

2.检查方法

根据具体部位不同，灵活运用触诊、针刺、叩诊锤打击或以羽毛骚乱等方法产生的刺激观察宠物的反射活动。

3.病理变化

① 反射减弱或反射消失　是反射弧的路径受损伤所致。常提示其有关传入神经、传出神经、脊髓背根（感觉根）、腹根（运动根）受损伤，或脑、脊髓的灰白质受损伤，或中枢神经兴奋性降低，例如意识丧失、麻醉、虚脱等。

② 反射增强或亢进　是反射弧或中枢兴奋性增高或刺激过强所致；或因大脑对低级反射弧的抑制作用减弱、消失所引起。常提示其有关脊髓节段背根、腹根或外周神经过敏、炎症、受压和脊髓膜炎等。破伤风、士的宁中毒、有机磷中毒、狂犬病等常见全身反射亢进。

 任务实施

【材料准备】

犬、猫、检查手套、镊子、叩诊锤。

【操作步骤】

（1）观察犬猫的精神状态和行为。

（2）评估犬猫行走或站立时的步态和姿势，尤其要注意力量、对称性与协调性。

（3）观察犬猫在行走或小跑时是否出现跛行。观察是否存在头姿势异常、背部拱起或不自然的步态等。

（4）如果存在跛行，应系统检查患肢，并与对侧健肢进行对比触诊。检查趾甲或甲床是否有创伤或者异常；检查趾间是否出现红斑、肿

翻脚趾测试

胀、异物等；单独触诊每一个脚趾，观察是否肿胀或疼痛；继续向近端进行触诊，评估每一块长骨是否有疼痛、肿胀、异常肿块或骨折；检查每一个关节是否出现积液、软组织肿胀、活动时有捻发音或屈伸时疼痛；检查膝关节时，注意髌骨在屈伸运动中的位置，如果髌骨在正常位置应尝试在伸展状态下将其向内外侧推，看有无脱位；进行前抽屉实验检查评估有无前十字韧带断裂；评估两侧髋关节的活动范围以及是否有疼痛反应。

撞击测试

推车测试

（5）评估和比较四肢的姿势反应，包括本体感受、独轮车反应、单足跳跃反应、伸肌蹬踏反应和位置反应等。

（6）轻轻将犬猫的头向背侧、腹侧及左右转向，观察是否有疼痛或抵抗。触诊按压每个脊椎棘突两侧部位，观察有无疼痛反应。

（7）当评估神经系统问题时，应进行脑神经检查，包括恐吓反应、眼睑反射以及瞳孔对光反应；观察瞳孔对称以及眼球定位情况；可用止血钳轻轻触碰鼻黏膜来观察面部反射情况；可在检查口腔时观察咽反射情况。

恐吓反应测试

眼睑反射测试

瞳孔对光反应测试

（8）对于安静的犬猫，可在其侧卧位时评估和对比脊髓反射。重要的节段性反应包括肱三头肌反射、肱二头肌反射、膝反射、胫前反射以及胸部和后肢的屈肌反射。通过针扎刺激胸腔和骨盆四肢的皮肤来评估其膜反射。

膝跳测试

会阴部测试

【注意事项】

（1）对于运动神经功能障碍的犬猫，在触诊时应使助手对犬猫头部进行安全固定，以

宠物临床检查技术
任务工作手册

任务报告（示例）

任务名称：_____　　班级：_____　　姓名：_____　　成绩：_____

材料准备

操作步骤

任务结果与分析

_____年___月___日

任务考核单

班级：_____　　姓名：_____　　学号：_____

考核项目	考核指标	标准分	得分
\multicolumn{3}{c}{任务一　宠物信息登记}		
（课前）预习	1. 按要求完成教师布置的课前预习任务	10	
（课中）任务实施	2. 任务所需材料准备齐全	5	
	3. 主人基本信息填写完整	5	
	4. 记录宠物名字	5	
	5. 记录宠物品种	5	
	6. 记录性别	10	
	7. 记录出生日期	10	
	8. 记录体重	10	
	9. 分制体况评分	10	
	10. 职业素养体现（动物福利、团队精神等）	10	
（课后）任务报告	11. 任务报告书写规范与完整	20	
	合计		

任务考核单

班级：_____　　姓名：_____　　学号：_____

考核项目	考核指标	标准分	得分
任务二　宠物保定			
（课前）预习	1. 按要求完成教师布置的课前预习任务	10	
（课中）任务实施	2. 任务所需材料准备齐全	5	
	3. 站立保定	5	
	4. 蹲式保定	5	
	5. 趴卧式保定	5	
	6. 侧卧保定	5	
	7. 仰卧保定	5	
	8. 扎口保定	5	
	9. 防护圈保定	5	
	10. 口套保定	5	
	11. 徒手保定	5	
	12. 猫包保定	10	
	13. 职业素养体现（动物福利、团队精神等）	10	
（课后）任务报告	14. 任务报告书写规范与完整	20	
合计			

任务考核单

班级：_____　　姓名：_____　　学号：_____

考核项目	考核指标	标准分	得分
任务三　宠物生命体征测量			
（课前）预习	1. 按要求完成教师布置的课前预习任务	10	
（课中）任务实施	2. 任务所需材料准备齐全	5	
	3. 安全保定	5	
	4. 肛表套使用正确	5	
	5. 体温计使用规范	5	
	6. 体温测量	5	
	7. 体温计读数正确	5	
	8. 呼吸速率测定	10	
	9. 心率测定	10	
	10. 脉搏测定	10	
	11. 职业素养体现（动物福利、团队精神等）	10	
（课后）任务报告	12. 任务报告书写规范与完整	20	
合计			

任务考核单

班级：_____　　姓名：_____　　学号：_____

考核项目	考核指标	标准分	得分
任务四　皮肤被毛检查			
（课前）预习	1. 按要求完成教师布置的课前预习任务	10	
（课中）任务实施	2. 任务所需材料准备齐全	5	
	3. 安全保定	5	
	4. 皮肤被毛状态的检查	5	
	5. 皮肤颜色的检查	10	
	6. 浅表淋巴结触诊	10	
	7. 皮下组织肿物的检查	5	
	8. 皮肤弹性的检查	10	
	9. 四肢脚趾的检查	10	
	10. 职业素养体现（动物福利、团队精神等）	10	
（课后）任务报告	11. 任务报告书写规范与完整	20	
合计			

任务考核单

班级：_____ 姓名：_____ 学号：_____

任务五　伍氏灯检查			
考核项目	考核指标	标准分	得分
（课前）预习	1. 按要求完成教师布置的课前预习任务	10	
（课中）任务实施	2. 任务所需材料准备齐全	5	
	3. 安全保定	5	
	4. 伍氏灯使用正确	10	
	5. 手套选择合适并穿戴正确	10	
	6. 在暗室内用伍氏灯检查宠物皮肤	10	
	7. 辨别正常与异常皮肤	10	
	8. 能判读荧光检查的结果	10	
	9. 职业素养体现（动物福利、团队精神等）	10	
（课后）任务报告	10. 任务报告书写规范与完整	20	
合计			

任务考核单

班级：_____ 姓名：_____ 学号：_____

任务六 皮肤刮片			
考核项目	考核指标	标准分	得分
（课前）预习	1. 按要求完成教师布置的课前预习任务	10	
（课中）任务实施	2. 任务所需材料准备齐全	5	
	3. 安全保定	5	
	4. 选择合适的部位进行剪毛	10	
	5. 是否将手术刀片浸泡矿物油	10	
	6. 正确使用刀片刮取皮肤	10	
	7. 将样本碎屑置于载玻片上的矿物油中，并盖上盖玻片	10	
	8. 将做好的玻片放置于显微镜进行观察	10	
	9. 职业素养体现（动物福利、团队精神等）	10	
（课后）任务报告	10. 任务报告书写规范与完整	20	
合计			

任务考核单

班级：_____ 姓名：_____ 学号：_____

考核项目	考核指标	标准分	得分
任务七　眼睛检查			
（课前）预习	1. 按要求完成教师布置的课前预习任务	10	
（课中）任务实施	2. 任务所需材料准备齐全	5	
	3. 安全保定	5	
	4. 检查眼睑	5	
	5. 检查眼睛	5	
	6. 检查眼结膜	5	
	7. 正确使用荧光素钠试纸：将润湿的荧光素钠试纸末端接触眼球，移除试纸	10	
	8. 用洗眼液冲洗眼睛	10	
	9. 检查角膜的完整性	5	
	10. 检查鼻泪管的通畅性	10	
	11. 职业素养体现（动物福利、团队精神等）	10	
（课后）任务报告	12. 任务报告书写规范与完整	20	
合计			

任务考核单

班级：_____　姓名：_____　学号：_____

	任务八　耳朵检查		
考核项目	考核指标	标准分	得分
（课前）预习	1. 按要求完成教师布置的课前预习任务	10	
（课中）任务实施	2. 任务所需材料准备齐全	5	
	3. 安全保定	5	
	4. 检查耳郭内表面与外表面的皮肤	5	
	5. 检查外耳道是否有红疹、流脓等	5	
	6. 检耳镜检查垂直耳道	10	
	7. 检耳镜检查水平耳道	10	
	8. 检耳镜检查鼓膜	10	
	9. 如果犬猫不配合，可进行镇静检查	10	
	10. 职业素养体现（动物福利、团队精神等）	10	
（课后）任务报告	11. 任务报告书写规范与完整	20	
	合计		

任务考核单

班级：_____ 姓名：_____ 学号：_____

考核项目	考核指标	标准分	得分
	任务九　鼻喉检查		
（课前）预习	1. 按要求完成教师布置的课前预习任务	10	
（课中）任务实施	2. 任务所需材料准备齐全	5	
	3. 安全保定	5	
	4. 检查鼻镜、鼻孔的状态	10	
	5. 确认分泌物的性质	10	
	6. 评估两侧的鼻腔通透性	10	
	7. 检查脸面部是否变形	10	
	8. 触诊喉头及气管（人工诱咳）	10	
	9. 职业素养体现（动物福利、团队精神等）	10	
（课后）任务报告	10. 任务报告书写规范与完整	20	
	合计		

任务考核单

班级：_____　　姓名：_____　　学号：_____

考核项目	考核指标	标准分	得分
任务十　口腔检查			
（课前）预习	1. 按要求完成教师布置的课前预习任务	10	
（课中）任务实施	2. 任务所需材料准备齐全	5	
	3. 安全保定	5	
	4. 检查牙齿	5	
	5. 检查牙龈及颊黏膜	5	
	6. 检查扁桃体的颜色、大小，确认是否有异物	10	
	7. 检查犬的舌头状态	5	
	8. 检查猫的舌头状态	5	
	9. 检查猫的口腔丝状异物	10	
	10.CRT 测定	10	
	11. 职业素养体现（动物福利、团队精神等）	10	
（课后）任务报告	12. 任务报告书写规范与完整	20	
合计			

任务考核单

班级：_____ 姓名：_____ 学号：_____

考核项目	考核指标	标准分	得分
	任务十一　心脏检查		
（课前）预习	1. 按要求完成教师布置的课前预习任务	10	
（课中）任务实施	2. 任务所需材料准备齐全	5	
	3. 安全保定并在安静的诊室	5	
	4. 听诊器的正确使用	10	
	5. 听诊	10	
	6. 测心率	15	
	7. 测脉搏	15	
	8. 职业素养体现（动物福利、团队精神等）	10	
（课后）任务报告	9. 任务报告书写规范与完整	20	
合计			

任务考核单

班级：_____　　姓名：_____　　学号：_____

任务十二　肺脏听诊			
考核项目	考核指标	标准分	得分
（课前）预习	1. 按要求完成教师布置的课前预习任务	10	
（课中）任务实施	2. 任务所需材料准备齐全	5	
	3. 安全保定并在安静的诊室	5	
	4. 观察呼吸形态与呼吸方式	10	
	5. 正确使用听诊器	10	
	6. 听诊喉部与气管部	10	
	7. 听诊右肺	10	
	8. 听诊左肺	10	
	9. 职业素养体现（动物福利、团队精神等）	10	
（课后）任务报告	10. 任务报告书写规范与完整	20	
合计			

任务考核单

班级：_____ 姓名：_____ 学号：_____

	任务十三　腹腔器官触诊		
考核项目	考核指标	标准分	得分
（课前）预习	1. 按要求完成教师布置的课前预习任务	10	
（课中）任务实施	2. 任务所需材料准备齐全	5	
	3. 安全保定	5	
	4. 观察腹部状况	5	
	5. 触诊前腹部：胃、肝脏	10	
	6. 触诊中腹部：肠、脾脏	10	
	7. 触诊后腹部：膀胱	5	
	8. 触诊背侧肾区	10	
	9. 冲击腹部，感知内部器官状态	10	
	10. 职业素养体现（动物福利、团队精神等）	10	
（课后）任务报告	11. 任务报告书写规范与完整	20	
	合计		

任务考核单

班级：_____   姓名：_____   学号：_____

任务十四　直肠与肛门腺检查			
考核项目	考核指标	标准分	得分
（课前）预习	1. 按要求完成教师布置的课前预习任务	10	
（课中）任务实施	2. 任务所需材料准备齐全	5	
	3. 安全保定	5	
	4. 正确戴好手套，并润滑食指	5	
	5. 观察会阴及肛周状况	10	
	6. 直肠触诊	15	
	7. 触诊肛门腺	20	
	8. 职业素养体现（动物福利、团队精神等）	10	
（课后）任务报告	9. 任务报告书写规范与完整	20	
合计			

任务考核单

班级：_____　　姓名：_____　　学号：_____

任务十五　外泌尿生殖器官检查				
考核项目	考核指标		标准分	得分
（课前）预习	1. 按要求完成教师布置的课前预习任务		10	
（课中）任务实施	2. 任务所需材料准备齐全		5	
	3. 安全保定		5	
	4. 询问绝育情况		5	
	5. 观察并触诊雌性宠物的乳腺		10	
	6. 观察雌性宠物的外阴部		15	
	7. 检查雄性宠物的包皮与阴茎，观察包皮内分泌物情况		10	
	8. 触诊睾丸并评估		10	
	9. 职业素养体现（动物福利、团队精神等）		10	
（课后）任务报告	10. 任务报告书写规范与完整		20	
合计				

任务考核单

班级：_____ 姓名：_____ 学号：_____

任务十六　运动神经检查			
考核项目	考核指标	标准分	得分
（课前）预习	1. 按要求完成教师布置的课前预习任务	10	
（课中）任务实施	2. 任务所需材料准备齐全	5	
	3. 安全保定	5	
	4. 观察犬猫的精神状态和行为	5	
	5. 评估犬猫行走或站立时的步态和姿势，检查患肢	10	
	6. 四肢的姿势反应测试	10	
	7. 疼痛反应测试	5	
	8. 脑神经检查	10	
	9. 脊髓反射测试	10	
	10. 职业素养体现（动物福利、团队精神等）	10	
（课后）任务报告	11. 任务报告书写规范与完整	20	
合计			

定价：46.80元

防在检查时回咬受伤。

（2）在怀疑骨折或大脑与脊髓受伤时应进行CT（电子计算机断层扫描）或MRI（核磁共振）高阶影像进行检查。

 任务记录与小结

认真并独立完成本次任务报告，见《任务工作手册》示例。

 任务考核

教师按"任务考核单"（见《任务工作手册》）对学生任务完成情况进行考评。

参考文献

[1] 李尚同. 兽医临床诊疗技术[M]. 北京：中国农业出版社，2017.

[2] 上海市教育委员会. 职业教育国际水平动物医学专业教学标准开发的研究与实践[M]. 上海：华东师范大学出版社，2013.

[3] SUSAN M. TAYLOR. Small Animal Clinical Techniques[M]. 2nd Edition. Elsevier，2016.

[4] 李玉冰，刘海. 宠物疾病临床诊疗技术[M].2版. 北京：中国农业出版社，2017.

[5] 丁岚峰，陈强. 宠物临床诊疗技术[M]. 北京：中国轻工业出版社，2013.

[6] 周庆国，罗倩怡，吴仲恒，等. 犬猫疾病诊治彩色图谱[M]. 北京：中国农业出版社，2018.

[7] 上海市畜牧兽医学会. 犬猫物理保定操作规程：T/SHAAV 004-2020[S]. 北京：全国标准信息公共服务平台，2019.

[8] 上海市畜牧兽医学会. 犬猫临床体格检查操作规程：T/SHAAV 001-2020[S]. 北京：全国标准信息公共服务平台，2019.

[9] 霍军，曲强. 宠物解剖生理[M]. 北京：化学工业出版社，2011.

[10] 韩行敏. 宠物解剖生理[M]. 北京：中国轻工业出版社，2018.